职场竞争如此激烈
你的内心要强大

霍庆龙 崔生祥◎著

职场险恶，内心需强大；人生多舛，目标要坚定。

职场压力山大，还是我们内心脆弱。

职场人生世事多变，遭遇挫折在所难免，坦然面对，

修炼自我，让自己的内心强大起来，

只要内心充满力量，把浩瀚复杂的世界装入胸膛，

即使再小的帆船也能徜徉职场大海，

你会惊奇地发现，原来工作如此的简单。

中国商业出版社

图书在版编目(CIP)数据

职场竞争如此激烈　你的内心要强大/ 霍庆龙，崔生祥著.
—北京 ：中国商业出版社，2013.3
ISBN 978-7-5044-8026-2

Ⅰ.①职… Ⅱ.①霍…②崔… Ⅲ.①成功心理—通俗读物
Ⅳ.①B848.4—49

中国版本图书馆 CIP 数据核字(2013)第 043993 号

责任编辑:刘毕林

中国商业出版社出版发行
010—63180647 www.c-cbook.com
(100053　北京广安门内报国寺 1 号)
新华书店总店北京发行所经销
北京市德美印刷厂

*

710×1000 毫米　16 开　14.5 印张　214 千字
2013 年 4 月第 1 版　2013 年 4 月第 1 次印刷
定价:32.00 元

*　*　*　*

(如有印装质量问题可更换)

生活在快节奏的现代社会，我们注定要被竞争所包围。企业老总们会被竞争所包围吗？当然也会！如果他们无法更好地经营自己的公司，那么市场必定会让给别人。公司管理者们会被竞争所包围吗？毋庸置疑，他们身后有太多双渴望的眼睛，干不好，下去吧！普通员工站在职场的最底层，他们之间应该没有什么竞争了吧？错！战场上拼杀最惨烈的，恰恰就是普通的士兵。

无论是谁，只要想在这个社会中更好地生存下去，就必须学会直面竞争，并在激烈的竞争中脱颖而出。职场是一个充斥着机遇和挑战，但也充满了危险和陷阱的战场。在这个战场上，我们必须小心翼翼地摸索着前进，因为一不小心，就有可能会被“敌人”击倒，甚至付出惨痛的代价。我们的“敌人”很多，困难、挫折、失败、懦弱等等，都是我们的“敌人”。它们一直在暗处虎视眈眈地盯着我们，稍有机会，就飞身扑上，欲置我们于死地。在这个竞争激烈且又残酷的职场里，我们需要有强大的内心，并用强大的内心作为自己的武器，披荆斩棘，把那些“敌人”们一一踩在脚下。唯有如此，我们才能够笑傲于职场。

心智不够成熟，蒙昧的心智就会掩住我们的双眼，让我们无法认清自己。我们从来不去考虑“为谁忙碌为谁活”的问题，只是机械地重复着手中的工作，日复一日年复一年，却毫无作为。这个时候，我们需要改善心智，让自己的心智成熟起来，让自己的内心强大起来，认清自己，了解自己，肯定自己。一个心智健全的人，才能在职场如鱼得水。

目标不够清晰，朦胧的目标会让我们迷失方向：该往什么地方走？找不着目标，我们就只能像是被蒙着眼睛的驴子一样，不停地在原地打转，却总也走不出那一片狭小的天地。正因为如此，我们要擦亮眼睛，点亮明灯。有了远大的目标，我们的内心世界将不再彷徨无依，将变得强大起来。

自信不够强大，缺乏自信会使我们裹足不前。在一件棘手的工作面前，不相信自己，便失去了前行的动力。强大的自信源于内心世界，给自己树立强大的自信，我们就可以强大自己的内心。信念不够坚定，犹犹豫豫总会让我们错失良机。可不是吗，在很多时候，看着目标似乎太过遥远，我们总会产生怀疑：这目标能实现吗？世界上没有实现不了的目标，只有不够坚定的信念。之所以无法实现目标，是因为我们觉得目标太过遥远。没有坚定的信念，美丽的梦想就只能是镜中花、水中月。在人生的旅途中，我们需要坚持信念，以强大自己的内心。

心态不够积极，消极的心态使我们生活在黑暗之中。我们能够享受阳光，或者遭遇风雨，其实全在我们一念之间。如果我们心态积极，那么眼中所见，心中所想，将全是灿烂的阳光；如果我们的心态消极，那么铺天盖地而来的，则全部都会是浓浓的黑暗。什么样的天气最利于树木的成长？不用说，我们已经了然。调整心态，让阳光普照内心，是我们内心强大的关键。

能力不够使用，"无能"会让我们颓废地漂流在职场。在职场中，什么样的人最可悲？"心有余而力不足"的人，可悲亦可叹。手里的工作做不好，遥远的目标不敢跑，为什么？因为没有能力。没有能力，何敢言勇？程咬金如果没有"一身力气"，怎么可能会抡得动手中的斧子？所以，打开心门，多接受外来力量的注入，不止使我们的内心变得无比强大，我们的"身体"也会变得无比强悍。

心胸不够宽广，气量狭小会使我们生活在痛苦之中。人生不如意事十之八九，不顺心、不如意的事总会在不经意间找上我们。倘若没有一颗宽容的心，那么烦恼、烦躁、委屈、生气等等坏情绪总会纠结在我们心里，不得散去。这些坏情绪会让我们痛苦，也会让我们难受，会让我们一直生活在不安之中。为什么不放开一些呢？多一些宽容，多一些忍让，我们就可以收获一个平静安定的内心。这样的内心世界，未尝不是一种强大。

精力不够充沛，一颗疲惫之心将会使我们精神萎靡。精力充沛的人，在休息过后马上又会容光焕发；而精力匮乏的人，无论怎样休息，都会疲惫不堪。不要小看了精力对于我们的影响，其决定了我们能坚持着向前走多远。我们觉得累吗？如果觉得很累很累，不妨停下来歇歇，多给自己补充前言一些能量吧！饱满的精神，也能让我们的内心强大起来。

战胜自己，让自己的内心强大一些，再强大一些，我们就能够无敌于职场。

信不信由你！

目录

Contents

第一章　做一个职场中的精神贵族

"贵族"已经成为当今社会最流行的热词之一，似乎成为了一种时尚、高贵的象征。在外而言，"贵族"展示给人们的是一种富丽堂皇的大气，"单身贵族"、"贵族宝贝"、"贵族气质"等等，让人目眩神迷；在内而言，"贵族"展示给人们的是一种高贵的性情和气质，"精神贵族"由此而生。职场中的精神贵族，不随波逐流、不人云亦云，他们有自己的想法，有温厚的心灵，有无人可比的细腻。他们工作起来，认真且快乐，简单又上进，他们让自己的职场生活变得阳光明媚，让自己的思想变得积极正直，他们是职场中最有力量的一群人。而我们，正是要做这样的职场精神贵族。

第二章　改善心智，成熟的心智让我们更加成熟

心智成熟似乎是一件很残酷的事情，它代表了青春的流失和梦想的退色。可是，心智的成熟却又是人生注定要走的方向，它同时也代表了一种奋斗的依托和持久和平的幸福。心智成熟的过程是一个不断发现自我的过程。在这个过程里，我们了解了自己，也理解了别人，所以可以更加清楚地认清自己，肯定自己，也可以更加圆熟地待人处事，活得多姿多彩。也许现在我们的心智还不够成熟，这导致我们很难认清自己，很难游刃有余地翱翔于职场。那么怎么办？改善心智，开启心灵的大门，让心智成熟起来，让内心强大起来。

第三章 设定目标,远大的目标让我们走得更远

俗话说:“人往高处走,水往低处流。”可是,当我们身处洼地的时候,要向哪边的高处走?寻找自己最渴望到达的地方,就是我们要走的方向,这是设定目标。目标对于我们的人生来说,很重要。英国十九世纪政治家查士德斐尔爵士曾说:“目标的坚定是性格中必要的力量源泉之一,也是成功的利器之一。没有它,天才也会在矛盾无定的迷途中,徒劳无功。”对于身在职场中的我们来说,目标尤为重要,它是一盏明灯,照亮了属于我们的生命;它是一个路牌,在迷路的时候为我们指明方向;它是一个罗盘,给我们引导人生的航向;它还是一支火把,可以燃烧我们的潜能。可以说,远大的目标使我们在职场里走得更远。

第四章 树立自信，强大的自信可以打败一切怯懦

自信，是人的一生中，成就大事必不可少的品质之一。美国哲人克劳蒂娅曾说过："自信对一个人一生的发展所起的作用，无论在智力上，还是在体力上，或是在处世能力上，都有着基石性的作用，一个人缺乏自信心，便缺乏在各种能力发展上的主动积极性。"自信对于人生的作用，重要如斯。那么在职场上，自信又发挥着什么样的作用？一句话，自信可使我们从低处走向高处，从高处走向更高处。在风波险恶的职场江湖里，倘若我们缺乏自信，就一定要小心了，那说明我们的内心不够强大，还处在被淘汰的边缘。

第五章 坚定信念，砥砺奋进让我们无所畏惧

信念，是一份纯真的向往，是一份美丽的追求，更是人们赖以生存的原动力。正是因为有了一种信念，我们才有坚定的步伐，执著的探索；正是因为有了一种坚定的信念，我们才有生存的勇气，无惧的拼搏。林肯曾说："喷泉的高度不会超过它的源头，一个人的事业也是这样，他的成就绝不会超过自己的信念。"从另一个方面来讲，信念决定了我们的成就。倘若没有坚定的信念，那将会出现怎样的情形？无须揣测，如果没有坚定的信念，那么梦想永远只能是一个遥不可及的梦。

第六章 心态积极，阳光心态是力量之泉

每个人都随身携带着一种看不见的法宝，它的一面写着“积极心态”，另一面写着“消极心态”，怎么用，全看我们自己。亮出“积极心态”的一面，我们就能享受阳光，看到彩虹；亮出“消极心态”的一面，我们只能埋怨风雨，走上泥泞。所以很多时候，我们总是希望自己能有一个积极的心态，以便领略人生路上的更多风景。当然，选择了积极心态并不代表否定了消极因素的存在，我们只是学会了不让自己沉溺其中。在漫漫人生路上，阳光心态是力量之泉，可使我们的内心充满强大的力量，走出困境。

第七章 提升自我，“恃才”方能“傲物”

一个武林中人，一定要努力设法提高自己的武功，这样在武林中才有自己的地位。为什么呢？因为武功愈高，征战武林的能力就愈强，能取得的成就也就愈大。同样，一个职场人士，也一定要努力提升自我的能力，这样才能在职场江湖中攻城略地，所向披靡。无论什么时候，能力的大小，必定会是衡量一个人强弱的条件。虽然并非唯一，但却一定会是关键。我们都在这个竞争激烈的职场江湖中打拼，当被人“打”的头破血流的时候，不妨好好想一想：自己的能力够吗？

第八章 宽容忍让,内心安定也是一种强大

人生在世,总会遇到许多不顺心的事。这些不顺心的事,说来就来,就像刮风下雨一样自然和无法避免,就算我们再极力回避,也总会有被风刮到、被雨淋到的时候。那么,当我们被风吹得遍体生寒、被雨淋得瑟瑟发抖的时候,应该怎么做?大文豪雨果说:"世界上最宽阔的是海洋,比海洋更宽阔的是天空,比天空更宽阔的是人的胸怀。"是的,用宽阔的胸怀,包容那些扑面而来的不顺心,就是我们应该做的。宽容忍让不是吃亏,而是让我们内心安定,更加从容平和。这,也是内心的一种强大。

第九章 保持精力,饱满的精神可载起心灵之舟

十八世纪美国最伟大的科学家和发明家本杰明·富兰克林说:"活力加毅力可以征服一切。"从这句话里,我们可以得出"征服一切"必须要有的两点:一个是"毅力",另一个是"活力"。毅力即为意志力,是指我们向前奔跑的"心理忍耐力";活力则是生命力,是指我们向前奔跑所必须要有的能量。在人生旅途中,很多时候,我们都只注重"心理忍耐力",而忽略了"活力"的重要性,所以纵然我们目标明确,意志坚定,但却还是会无力地倒在中途,抱憾而归。原因无它,只因为我们精力不够,没有足够的能量支配身体的前行。累的时候,还是歇歇吧,给自己补充一些能量,才能强大得起来!

第十章　生命不是要超越别人，而是要超越自己

我们常常以为最大的威胁来自敌人，其实，我们最大的敌人恰恰就是自己。心智不够成熟，我们误解了工作；目标不够明确，我们迷失了方向；自信不够强大，我们懦弱地不敢向前；信念不够坚定，我们半途而废；心态不够积极，我们颓废消沉；知识不够充裕，我们施展不开手脚；心胸不够豁达，我们走不出心魔；精力不够旺盛，我们累倒在半途……所有的这一切，都造成了我们无法在事业上取得成就。可以说，是我们自己，挡住了我们前进的步伐。如果无法战胜自己，无法超越自己，我们就只能被困守在牢笼中，无法前进。不要再去埋怨别人，我们需要超越的，就是自己！

第一章

做一个职场中的精神贵族

“贵族”已经成为当今社会最流行的热词之一，似乎成为了一种时尚、高贵的象征。在外而言，“贵族”展示给人们的是一种富丽堂皇的大气，“单身贵族”、“贵族宝贝”、“贵族气质”等等，让人目眩神迷；在内而言，“贵族”展示给人们的是一种高贵的性情和气质，“精神贵族”由此而生。职场中的精神贵族，不随波逐流、不人云亦云，他们有自己的想法，有温厚的心灵，有无人可比的细腻。他们工作起来，认真且快乐，简单又上进，他们让自己的职场生活变得阳光明媚，让自己的思想变得积极正直，他们是职场中最有力量的一群人。而我们，正是要做这样的职场精神贵族。

1. 给自己找一个准确的定位

职场中有这样一种说法:“职场两大悲剧,一是万念俱灰,二是踌躇满志。”很多人听了不解:万念俱灰是职场中的悲剧没错,但是怎么能说踌躇满志也是职场中的悲剧呢?有远大的志向难道不对吗?有志向当然是好的,可是在这里,“万念俱灰”是一种极端,而“踌躇满志”也是一种极端。正因为漫无目的地踌躇满志,我们才总是会忘记了客观地审视自己,才坚信自己是完美的,是无所不能的。在这种情形下,如果受到一点挫折,我们甚至会在职场中迷失自己。

也正因为如此,我们要防止误入这两种极端,要给自己一个准确的定位,享受工作的乐趣。

要给自己准确定位,方向最重要。荷马史诗《奥德赛》中有一句至理名言:“没有比漫无目的地徘徊更令人无法忍受的了。”在职场中,我们要想给自己找一个准确的定位,就必须先找到正确的方向。我们为什么要来到这里工作?我们又想发展到什么位置?很多人因为没有正确的方向,所以不知道路该怎样去走,这导致了他们在职场中没有方向感,左右徘徊。结果是,他们做了职场中的“和尚”,做一天和尚撞一天钟,得过且过。这样“混”工作,又怎么能在职场中强大起来呢?事实证明,无论一个人多么意气风发、多么足智多谋,即便是花费了再大的心血,但只要是没有明确的方向,就会过得非常茫然,就会渐渐丧失了斗志,就会忘却梦想,走弯路,浪费宝贵的时光。

有了明确的方向,我们还需要怎样做,才能给自己找到准确的定位呢？

我们需要认清自己，认清自己在工作中“饰演”的是一个怎样的角色。说白了，就是我们需要知道，在工作中，自己要起到怎样的作用。每个人都希望自己在公司里能得到上司的赏识和重用，因为只有如此，自己的价值才能得到体现，自己的事业才能快速推进。这种想法不错，但是很多人在做的时候，却忘记了循序渐进，忘记了只有慢慢地提升自己的能力，才能胜任更重要的任务。他们急躁了，一个劲儿地向前冲，但结果呢？当个人能力和工作任务不相匹配，无法适应工作需要的时候，他们的自信心会大受打击，造成适得其反的后果。

正确的做法是，我们要知道自己在工作中的角色，还要清晰地知道自己想要什么。只有将现在的自己和将来的自己密切联系起来，我们才能够更加清楚地认清自己，努力起来才会有的放矢。所以，我们一定要明白自己现在的位置，认清将来想要的位置。只有这样，我们才能将手中的工作做到最好，而不是跨大步，盲目地向前冲。

认清了自己，认真地做好了手中的工作，利用闲暇时间，我们还可以更多地充实自己，前进起来就会更加轻松。这当然会是一种良性循环，眼看着目标在前方越来越清晰，越来越近，我们的内心会既充实又快乐，而且充满无与伦比的斗志。成功，自然会指日可待。

可以说，只有给自己找到一个准确的定位，我们才能始终以一种无所畏惧、斗志昂扬的精神状态在职场快乐地遨游。

有一块铁，从来没见过金子，不知金子为何物，只是听人说，金子是一种很贵重的金属，便以为自己是一块金子。有一天，它遇到了一个铁匠。铁匠一看到这块铁，就很高兴，拿起来端详一阵子，大声赞道：“真是一块好铁，我要将你打造成一把锋利的宝剑。”

铁块听到铁匠的赞美，非但没有高兴，反而把脸沉了下来，它对铁匠说：“你弄错了，我是一块金子，最名贵的金子，你把我打造成了宝剑有什么用？”

听到铁块的话，铁匠哈哈一笑，说道："你只是一块铁，并不是金子。为什么你会认为自己是金子呢？你认清自己了吗？"说完之后，铁匠非常遗憾地走了，轻声叹息着："可惜了一块好铁！"

铁匠的一番话，让铁块不知道所措：自己真的不是金子吗？那么，真正的金子又是怎样的？带着这样的疑惑，它踏上了寻找金子的道路。

它最先遇到的是一块铜，这块铜黄澄澄、沉甸甸，熠熠发光，与人们形容的金子很相似。于是，铁块问："看你的样子，你一定是金子吧，我找了你很久，终于找到你了。"铜听了微微一笑："你弄错了，我是铜，并不是金子。金子比我亮多了，你再找找吧！"

告别了铜，铁块继续寻找，没过多久，它又遇到了一块银子。在老远的地方，它就发现了这个闪闪发光的家伙。于是，它兴冲冲地追上了银子，说道："金子，你好啊！我找了你很久，终于找到你了！"银子又礼貌地告诉它，自己不是金子，是它弄错了。

接二连三的错误，让铁块非常沮丧，但是为了找到真正的金子，它坚持了下来。终于有一天，它看到了一样东西，金灿灿，闪闪发光，那闪亮的光芒晃得它头晕目眩。它试探着问："你就是世界上最贵重的金子吧？我找了你很久！"

金子对铁块说："我是金子没有错，可是，我并不是世界上最名贵的东西，世界上比我贵重的东西比比皆是。"

铁块非常伤心。它想：找到金子有什么用呢？它原来不是世界上最贵重的东西。就算自己成为了金子，也没有一点儿用。它自言自语地说："我再也不想成为金子了。"

金子要告别铁块了，临走之前它对铁块说："小家伙，每个人有每个人的定位，每个人有每个人的作用，锋利的宝剑永远也不会由金子做成。因为，金子永远也没有办法替代铁块。你还年轻，还需要锻炼，你会明白每个人都是独一无二的。"

铁块仔细揣摩金子的话，慢慢地明白了金子话里的意思。它回到家里，找到了铁匠，让其将自己铸成了一把锋利无比的宝剑。

在职场中，也许我们曾经就是那个铁块，不知道自己是谁，也不知道怎样才能让自己的生命燃烧得更加旺盛。我们无法给自己一个准确的定位，于是就会漫无目的地“东游西荡”，白白地浪费了时间和精力，到头来却还是一无所获。这样的话，在竞争激烈的职场中，我们的内心怎么可能强大得起来，我们的事业又怎么可能强大得起来？

应该说，我们要想在职场中强大起来，就必须要给自己一个准确的定位。倘若无法给自己一个准确的定位，我们就有可能一直会在平凡的工作中做平凡的事，在平凡的事中慢慢消磨自己的奋斗意志，庸庸碌碌、毫无成就地过着自己职场生活。这种职场生活，没有一点儿意义。

心理学家和成功学家一致认为，一个人在职场中要想内心强大，要想坚强乐观地面对一切困难，要想事业有成，就必须要给自己一个准确的定位。当然了，准确的定位，是要以激励自己为前提，不能太高，也不能太低。因为太高的定位会带给我们压力，太低的定位会限制我们的能力。我们要根据自身的情况，找准自己的目标，认清自己的目前的状况，给自己寻找到一个最为合理、准确的定位。这样的定位，会让我们不疲、不累、身心愉悦、充满斗志，强大得无以复加。

最要紧的是，准确的定位，会让我们明明确确地知道，自己想要做什么，要怎样去做才能实现这样的目标。对于身处职场江湖的我们来说，我们要时刻面临着严峻的挑战和残酷的斗争，只有知道了自己的位置，知道了自己想要什么，要怎样做，才能少走弯路，以最快、最坚强的步伐到达目的地。

准确的定位，是任何一个职场人士必须具备的先决条件。

汽车大王福特小的时候一直帮父亲在农场干活，父亲很希望他能一直在农场上帮忙，和自己一起打理农场。但是小福特呢，他很早就开始意识到，自己的人生目标并不是一直留在农场。从十二岁起，他就开始在脑海中构想能在路上行走的机器和代替牲口的人力，他坚信自己一定会成为一名机械师。

他为自己找好了人生的定位。

找好了人生定位，努力起来就会事半功倍。他只用了一年的时间，就完成了别人要三年的机械师训练。随后，他又用了两年多的时间来研究蒸汽原理，并开始着手进行试验，以期实现自己的目标。由于经验不足，这次的试验，他并没有获得成功。

于是，他开始从另外一个方向，朝着自己的目标前进。他又以百倍的努力，投入到了汽油机的研究上。他知道自己要干什么，要怎样去干，所以工作起来的狂热劲头儿总是让人吃惊。他每天都在梦想着制造一辆汽车，什么困难都无法阻碍他的热情。终于，他的创意被大发明家爱迪生所赏识，并邀请他一起制造了世界上第一部引擎。

他成功了！他发明的汽车，成功人类史上最伟大的发明。

福特的成功靠的是什么？很显然，是他给自己准确的人生定位。自己想要什么，要怎样去做，他都一目了然。即便是中途遇到了困难，但是有了准确的人生定位，困难也只会成为无关痛痒的小插曲。可以说，有了准确的人生定位，我们奋斗起来，就会不由自主地发挥出自己全部的潜力。那么走向成功，也自然不在话下。

准确定位的重要性，以至于斯。

我们要做一个职场中的精神贵族，要做一个内心强大的人，要做一个事业有成的人，就必须要给自己一个准确的定位。地球上的每个点都有一个坐标，我们也有一个自己的坐标。我们在什么地方？能做什么？想要做什么？要怎么做？要到什么地方？通过这个坐标，一目了然。给自己找到一个准确的人生定位，我们的职场人生从此会强大起来。

2. 坐下来，面对工作

毫无疑问，在职场中，处处都有“成功”人士。

千万不要误会，我们所说的“成功”人士，并非一定是像李嘉诚一样白手起家，成为亚洲首富，也并非一定是像马化腾一样，创办举国皆知的腾讯公司。从某种意义上来说，只要是在自己的工作中有所成就，就是成功人士。同样一项工作，有的人工作时无精打采，做起来马马虎虎，结果是稍有欠缺，而另有一些人工作时却精神抖擞，做起来得心应手，结果是漂漂亮亮。那么，取得漂亮结果的这些人，难道不是成功人士吗?

他们当然是成功人士，他们用认真轻松快乐的态度，在职场里沉着应战，不仅收获到了成功，更收获到了喜悦。他们是职场中的精神贵族。法国雕塑艺术家罗丹说：“工作就是人生的价值，人生的欢乐，也是幸福之所在。”那些职场里的精神贵族们，都在认真地工作中悄悄享受着工作带来的乐趣。他们的成功，不仅仅是事业有成，更是心情愉悦、内心强大。

那么，他们是怎样做到的呢？他们是怎样成为职场中的精神贵族呢?

其实很简单，当处身于竞争激烈的职场中时，他们常常会坐下来，静静地面对工作。在很多时候，我们也需要坐下来，静静地面对工作。我们不应该以敌对的态度面对工作，不应该觉得不是它死，就是我亡。我们需要坐下来，静静地面对工作，认真地面对工作，把工作当成是自己多年的老朋友，用心去审视，尽力去解决。只有这样，才能心情平静，才能用饱满的热情，才能用认真的态度把工作处理到最好。

我们要做一名精神贵族，就应该把工作中的急躁、焦虑、急功近利等毛病扔在一边，静静地、认真地面对工作，心怀目标，踏踏实实，一步一个脚印。就像和老朋友一起品茶一样，在淡淡之中让自己的能力慢慢提升，让自己的心情慢慢放开，到最后成功了，和老朋友再来一次热情的拥抱，仅此而已。这是精神贵族对待工作的态度，也是我们需要学习的态度，坐下来，认真地面对工作，不急躁，不冒进，悄然提升自己的能力，悄然收获丰硕的果实，悄然享受工作带来的乐趣。

可以说，这样的工作方式，最简单也最有效，能让我们在悄然之中内心强大起来，成为职场中的精神贵族，快速到达成功。

米雪大专毕业后，和朋友一起前往广州求职。由于专业比较冷门，经过半个多月的艰难寻找，她才被一家公司录用。上班那天，她和另外两个女孩一起到公司报到。她们所在部门的主管沉声告诉她们：不要高兴得太早了，试用期为一个月，不合格的照样不能留在公司。

在这一个月之内，三个女孩都非常努力，尤其是米雪，更是兢兢业业，勤奋异常。其实她这么努力是有原因的，在性格上，她属于一种稍微“粗放”点的性格，少了另外两个女孩的细致，所以很多时候，她的工作都做得不很理想。但是，她一直清楚地记得毕业时老师对自己讲的话：要想工作上有所成就，你必须静下心来，认真地面对工作，和工作交朋友，付出自己的全部热情。所以，她想用努力来弥补自己性格上的缺陷。

但是很遗憾，她的努力，并没有在工作中马上见到效果，在很多时候，她还是会因为粗心而犯上一些小错误。公司领导看到她的小错误，也是直皱眉头。

到了试用期的第二十九天时，公司按照她们的工作能力，开始给她们一项项打分。结果自然可想而知，米雪的整体成绩和另外两个女孩相去甚远。部门主管只能无奈地告诉她：“明天是你上班的最后一天，你再工作一天，后天就可以结账走人了。”

心情的沉重自然可想而知，米雪在消沉一阵子之后，终于又强打起精神做好手边的工作。她已经习惯了静静地面对工作，哪怕是是在性格上小有缺陷，她也在尽力矫正，尽量做好自己的手中工作。她也习惯了和工作做朋友，投入了自己的全部热情。

但是，公司是一个注重结果的地方。

上班的最后一天，她还是和往常一样，早早地来到了公司，和往常一样，认真地做了打扫卫生的工作，一直忙到别的同事来上班。那两位留下来的女孩过来劝她："今天你不必要这么努力地干活了，反正公司又看不到。再说了，就算你今天不做事，明天公司照样会发给你一个月的试用工资，那又何必做这些呢？"

米雪笑了："那可不行，明天是明天，今天是今天。虽然我明天就要走了，但是今天，我还要认真地面对我的工作，而且我还有点活没有做完呢，还有一天的时间，我当然要把自己应该做的工作做完啊。我可不愿意半途扔下自己的老朋友，那是不负责任的。"说完，她径直走到自己的座位上，忙了起来。

到了下午，她手头上的工作做完了，有朋友过来劝她早点儿走，可是她却摇摇头说："今天我还在岗呀！不着急，我还可以做一些别的事情。"做什么呢？她悄悄地整理了自己的桌子，并把桌椅擦得干干净净，一尘不染。在她看来，静静面对自己的工作，就应该是个态度。无论什么时候，工作就是工作，哪怕是最后一天。

一直到了下班，她在和"同事"们一起离开了公司。坐下来，静静地面对自己的工作，这种感觉让她很充实，也让她很快乐，虽然，她已经"失业"了。

第二天，米雪到公司的财务处结账，拿到工资后正要离开，没想到却看到经理匆匆赶来。经理笑着对她说："你不用走了，这几天我也在暗中观察三位新进公司的员工。也许你的整体能力稍差一些，但是，你一直能用一种平静，认真的态度来应付工作。所以我相信，即便你现在不合格，但是明天，一定会很优秀。所以，我决定破格留你在公司。不要让我失望哟！"

事实上果真如经理预料的一样，米雪进步很快，成为了公司的骨干。

在竞争激励的职场里，米雪的起点很低。当然，这并不是说她学历低，而是说从一开始，性格上的缺点就使她大大吃亏。我们可以想象得到，一个粗心的女孩，必定会很无奈地面对很多因粗心导致的小错误。更为糟糕的是，这样的小错误，让她不得不要“离开”这个刚刚工作了一个月的公司。但是她是怎么做的呢？她没有因为自己的缺点而自怨自艾，也没有因要离开而抱怨，她始终以一种平静的心态，认认真真，踏踏实实地做好手里的工作。即便是最后一天，她也坐了下来，认真地面对自己的工作。其实她已经是一个内心强大的人，这样的人，可以做好任何工作。

值得庆幸的是，公司领导看到了她的“强大”，破格录用了她。其实我们也可以想象，一个能以这种心态工作的员工，怎么可能做不好手中的工作？即便是有小小的缺点，但在这种心态的矫正之下，缺点也会很快不复存在。

我们要想在职场中取得好的成绩，必须要内心强大。而坐下来，静静地面对工作，认真地处理工作，踏踏实实地前进，这难道不是内心强大的一种表现吗？当然是！很多时候，这种看似平淡的处理工作方式，其实正是我们取得成就的法宝。

当然，坐下来，静静地，认真地面对工作，我们也可成为职场中的精神贵族。

3. 比老板更快乐

在很多人的意识里，工作只是一种谋生的手段，朝九上班，晚五下班，辛苦加班，全部都是为了换取月底发到手中的几张钞票。这几张钞票，就是他们的全部目的。可以毫不夸张地说，职场中的大部分人，都是抱着这种目的在工作，而没有其他。这种理念当然也可以使他们加倍努力工作，也能使他们在工作中取得好成绩，因为好的成绩总能得到颇丰的收入。但是有一点，以这种理念去工作的人，会很累。

当然会很累。当工作仅仅是一种谋生的手段时，他们在工作的时候，就会失去了工作应有的快乐。没有了快乐，挣到再多钱，也会感觉很累。人的心灵是一块亟待雨水滋润的田地，而快乐，正是那些弥足珍贵的雨水。

那么，怎么样才能在工作中感觉到快乐呢？

最重要的一点，我们不能把工作仅仅当成是一种谋生的手段，还要把工作当成是一种自我实现的过程，当成是实现美梦的前奏。当我们从事一份工作的时候，只有能够感觉到自己的价值，只有能够看到美梦指日可待，才能摆脱厌倦的心理，不断实现自我超越，快快乐乐地工作。前国家体育总局局长袁伟民先生曾经说过："要想在事业上真正干出名堂来，首要的是有一颗强烈的事业心，以及在这种事业心支配下产生的钻劲和出奇的迷劲。"其实他的话所阐述的，也是这个道理。工作是谋生的手段，也是自我实现的过程，更是实现美梦的前奏，用这种心态工作，我们就会感觉到工作的乐趣。

想要让工作快乐充实起来，这些够了吗？当然不够！时下有一种很流行的说法是，把工作当成游戏。可能很多人听了会大感困惑：把工作当游戏，那不和"游戏人生"一样了吗？这种心态，明显是不负责任，怎么能带到工作中去？其实把工作当游戏，并不是让我们以不负责的态度来对待工作，而是让我们以对待游戏的激情和放松的心态来对待工作。我们都知道，工作一直是一个沉重而生硬的话题，工作就是责任，工作就是机械地重复着昨天的事情。所以，工作应该是一个不苟言笑的地方。但是现在我们不这样做了，我们要换种心态，以对待游戏的激情和放松投放到工作中去，只要保留认真踏实，我们就可轻轻松松，快快乐乐地完成工作，这样不是很好吗？这我我们不是能够在工作中体会到快乐了吗？

还有人会说：还不行啊！我把工作当成了一种自我实现的过程，也把工作当成了实现美梦的前奏，更以对待游戏的心态来对待工作，可是我还是觉得不快乐，因为我发现，我得到的，老板也得到了，而且他将会比我得到的更多。我辛辛苦苦，只是为了让他实现了自我，实现了美梦。所以，我快乐不起来。

这种想法对吗？仔细想一想，是不是这种想法太狭隘了？一定要记得：我们和老板是一个大家庭里的两个不同个体。他在实现自己的价值，而我们也在实现自己的价值。他用他的智慧创办了公司，创造了自己的财富，实现了自己的美梦，而我们则借助他搭建的这个平台，实现自己的价值和美梦。从另一个角度来看，我们应该比老板更快乐。因为，我们站在了他们所搭建的平台之上，借了他们的力，是受益者。另外我们还需要知道，我们实现了自己的价值，是谁都无法抢走的，这是一种心灵的享受，和挣钱多少无关。

其实说来说去，当怀着这样心态工作的时候，我们已经比老板更快乐了，因为我们比他们得到的更多。在竞争激烈的职场江湖里，一次小小的工作胜利，我们都可以是一个骄傲的胜利者，他们可以吗？当然不行！所以，我们比老板更快乐。

有三个泥水匠，在同一个建筑工地打工。他们做同样又脏又累的工作，吃同样的饭菜，拿同样多的工资，但是三个人的精神面貌却明显不一样。一个天天心情沮丧，精神不振；一人平平淡淡，不温不火；一个快快乐乐，斗志昂扬。

这三个人是很好的朋友，有一次休息的时候，大家都给家里打电话。有意思的是，三个人的家人居然都问了同一个题，但是他们的回答却相去甚远。

家人都问了一句："最近工作怎么样啊？"

第一个工作回答说："唉！还能怎么样啊！在建筑工地上，还不是盖房子啊！天天都重复那几个动作，吃同样的饭菜，下很大的力气，真没意思！我打算再干几个月不干了，回家待着也比这里强。"

第二个工人回答说："还行吧！我们现在正在盖一栋高楼，

虽然活有点累，但我以前没见过这么高的楼房，也算长了见识。另外，还能挣不少钱呢！”

第三个工人回答说：“哈哈，我们现在可了不起了，正在建设一座新城市呢！想想看，不久的将来，在我们的手中将会诞生一座漂亮的大厦，这会让整个城市看起来更美丽。一想到，我就觉得自己很了不起，干活的时候浑身充满了干劲。怎么样，我们的工作是不是很值得自豪？”

若干年后，第一个工人回家种地去了；第二个工人还在这家建筑公司干活，只是升为了小工头；第三个工人，则成为了这家建筑公司的总经理。

现在，我们知道这三个工人都是什么样的心情了吧！第一个工人，是那个天天心情沮丧，精神不振的人；第二个工人，是那个平平淡淡，不温不火的人；第三个工人，则是快快乐乐，斗志昂扬的人。他们对待工作的不同态度，影响了他们工作的心情，当然，也影响了他们的成就。

能够快快乐乐地工作，不仅可以更加高效地完成工作，还可以轻轻松松地享受工作，在一种轻松的氛围当中，悄然创造成就。这不能说不是一种强大。所以，要想成为职场中的精神贵族，我们需要能够快乐地工作，快乐地享受生活。就像第三个建筑工一样，在工作中，我们可以实现自我价值，可以慢慢走近自己的美梦，这根本就是一件快乐的事。关键是，我们会怎样看待自己的工作。

有个农村来的小伙子到一家鱼摊打工，干了两天活之后，他发现了一个很严重的问题：这家鱼摊快经营不下去了。因为鱼摊老板管理不善，这家鱼摊的客人日渐减少，确实已经到了濒临关门的边缘。因为这个缘故，在鱼摊上工作的几名员工天天无精打采，提不起来精神。

小伙子很朴实，他并没有像其他几个员工一样，觉得鱼摊迟早都要关门，混一天是一天。相反，他觉得自己很幸运，什么也不会，却在人生地不熟的城市里一下子就找到了工作，是多么好的运气呀！所以，他很珍惜这次的工作机会，工作起来格外卖力。

老板每天无精打采，他却不这样，他每天都快乐乐地工作。当给其他工人递鱼的时候，他会快速地捞起鱼，呼的一声扔过去。在扔的时候，他会大声喊："伙计，接着！鲑鱼飞到了威斯康星。"那些工人接着了鱼，会一阵开心的笑。慢慢地，工作劲头了提了起来。

让人没有想到的是，他的快乐不仅让自己充满了干劲，让同伴恢复了斗志，更影响了周围的人。当人们看到那些鱼飞来飞去，像玩杂技一样，都动了买鱼的兴趣。这是"快乐卖鱼"法，这种方法，救活了这个鱼摊。

没过多久，这个鱼摊的营业额居然翻了五番，远远超越了其他鱼摊。而这个小伙子，则被老板委以重任，专门管理这个鱼摊。当然了，一个能以如此快乐心态工作的人，是会取得更高成就。三年之后，这个小伙子盘下了鱼摊，并把生活越做越大，成为这个城市里的水产品大王。

孔子说过这样一句话："知之者不如好之者，好之者不如乐知者。"一个人只要有了乐趣，无论做什么，都会事半功倍，发挥出自己的潜力。同样的道理，我们在工作中如果有了快乐，如果可以用快乐轻松的心情投入到工作中去，那么工作是不是会变得容易起来？当然，工作没有变，变得是我们自己，我们的心情好了，潜能发挥得多了，力量就会空前强大起来。这种强大，可以应对一切工作难题。

老板挣钱也许会很快乐，但是，调整好自己的心态，我们会比老板更快乐。他收获了财富，我们不仅收获了财富，超越了自我，还离美梦越来越近，这能不比老板快乐了吗？更奇妙的是，如果能以游戏的激情和放松来对待工作，我们在职场中会更圆满如意。可不是吗？轻松快乐地做出了好成绩，实现了自我，是一件多么了不起的事啊。我们需要这样来工作，这样才是我们想要的强大。

4. 我们是职场江湖中的王者

职场，是一个竞争激烈，充满了机遇和挑战的江湖。在这个江湖里，如果我们内心强大，就可以“仗剑走天下”，如果我们内心不够强大，那就只能无奈地看着别人成功，成为别人眼中的可怜虫。“可怜之人必有可恨之处”，倘若我们现在很不幸地只能看着别人成功，那么就应该认真反省一下自己：我们为什么不能内心强大？不能成功？

人的命，三分天注定，七分靠打拼，能“拼”才会有赢？内心不够强大，我们“拼”了吗？在前面，我们一直在说，要职场中的精神贵族，要让自己的内心强大起来，我们认认真真地，切切实实地行动了吗？我们当然没有，这就是我们内心不够强大的理由。但是事实上，这也不能成为理由，因为是我们把自己束缚在了心灵的牢笼之中，束缚我们展翅高飞的，只是我们自己。

雄鹰在天空中自由翱翔，它们为什么能飞得那么高，那么远？很简单，它们内心强大，从一开始，它们就无惧于天空的高度。我们害怕自己的工作了吗？害怕做不好自己的工作了吗？被工作难住了吗？目标很模糊吗？想想天空中翱翔的雄鹰，我们就会明白，其实鹰的强大真的很简单，它们只是很认真地对待每一次练翅，很平静地对待每一次飞翔，更甚至，它们把飞翔看成了很快乐的事。它们有目标，虽然在千米之处的高空，但是无惧；它们有行动，不怕苦，不怕累，不走捷径，踏踏实实地飞过每一米的高度；它们有态度，能够高飞，很快乐；它们有梦想，一定要做鸟中的王者。它们的内心如此强大，它的精神如此高贵，所以，它们成功了，可以自由地翱翔于蓝天之上，做鸟中的王者。

我们呢？我们要做职场江湖中的王者，要做职场江湖里的精神贵族，就必须让自己的内心强大起来。我们需要像雄鹰一样，有目标、有行动、有梦想、有快乐，当然，还有一种坚强的意志和一颗坚强的心。如果可以做到这些，我们就可以从容在“遨游”在职场江湖，成为职场江湖中的王者。

在一个工厂的流水线上，有一名女工辛苦忙碌着。她和其他几百名工人一样，每天都在重复着一成不变的工作。她的工作很累——站工，常常是一站上十个小时。每天下班回家的时候，她的腿都会僵硬得难以弯曲。

但是，别的工人却没有她这么累。为什么呢？很简单，因为这是一个国企，大家都有一种共同的想法，那就是干多干少一个样。所以大多数人工作的时候，都是消极怠慢，敷衍了事。用这种方式工作，他们甚至可以抽出一些时间，大家扎在一起，聊聊天，歇歇腿。但是，她却一直没有这样做。

她不喜欢消极的工作方式和生活方式，无论做什么事，她都希望自己可以做到最好。她有着自己的目标，那就是可以带领着这家工厂，实现一个大的跨越。每天带着这个目标上班，她能平静地面对别人的消极，而自己，却积极以勤奋。她把自己每天的工作都当成了锻炼，告诉自己，做好了手边的工作，才能跑得更远。虽然很苦，很累，但是她却可以清晰地感觉到自己每天的进步。所以，她很快乐。她觉得工作就应该是这样，可以超越自我，可以看到梦想，可以走进梦想，还可以享受工作带来的乐趣。

很多时候，没有了同事的比拼，她甚至开始和自己竞赛，力争使自己今天的成绩赛过昨天。同事们不解，问她这么做到底图什么。拿一样的工资，却多做那么多工作，多不值呀！她笑笑，没有回答。其实她想说的是，这样的工作，虽然苦一些，累一些，但自己很充实，也很快乐。

在这种心态和行动的带领下，她的产品质量越做越好，出错率也越来越少。看着自己的错误率越来越低，她感觉到了一种前所未有的喜悦。

没过多久，所有人都为她的成果感到惊讶，她的出错率居然达到了零，这是厂子里从来没有过的事。在大家惊愕的同时，她却又做出了一个吃惊的决定——每天的产品数量都要比前一天多。同事们议论纷纷，在觉得不能理解的同时发出感慨："她真的是疯了。""她是个工作狂，总是跟自个儿过不去！""她是爱出风头，她这样，让我们今后怎么工作呀！"但是不管别人怎么说，她还是按照自己设定的路线走了下来。

这是她自己对工作的感悟，如人饮水，冷暖自知，别人又哪里知道，在工作中，她正在快乐而充实地成长呢？她乐此不疲地在厂子里坚守着自己的工作岗位，这一坚守，就是两年多。在这两年里，她在不停地提升着自己的能力，沉淀着自己的经验，她得到的，远远超越了其他同事。

两年后，这家厂子被外资公司收购。很快，她就凭借出色的能力在众多工友中脱颖而出，被任命为车间主任。这当然只是一个机会，她的工作态度和工作理念在这个岗位上大放异彩，她的升职之路也开始一帆风顺起来。六年过后，她终于做到了这家公司的中国区总裁。

这是一个很让人惊讶的职场故事。一个从底层流水线做起，靠着自己的努力，靠着自己的意志，靠着良好的心态，做到了中国区总裁的人，是不是职场中的王者？当然，"她"是！她是职场中的王者！她的内心无比强大，她是职场中的精神贵族，她不随波，不逐流，不把"蝇头小利"当成职场中的奖励品。她有自己的想法，很清楚地知道自己想要什么，要做什么，要怎么去做。她也有着无比细腻的仔细，有着强韧的意志。更难得的是，她认真又快乐。虽然她的工作很苦很累，但对于她来说，她沉沦到工作中去了。她把那些枯燥、机械的工作变成了活泼生动的挑战。在这些挑战里,她寻找到了机遇,悄然成长。她的确是职场江湖里的王者。

我们也要做职场里的王者。其实不难,像她一样,让自己的内心强大起来就可以了。竞争激烈的职场,永远也奉行"成功王侯,败者寇"的规则,如果我们不够强大,无法适应职场里那些险恶的环境,那就只能遗憾地"倒下"。但是,如此的职场又不允许我们退缩,一旦退却,我们就只能成为生活中的失败者。那么,只有冲吧!让自己的内心强大起来,成为职场中的精神贵族。然后,用强大的内心,带领着自己,成为职场中当之无愧的王者。

第二章

改善心智，成熟的心智让我们更加成熟

心智成熟似乎是一件很残酷的事情，它代表了青春的流失和梦想的退色。可是，心智的成熟却又是人生注定要走的方向，它同时也代表了一种奋斗的依托和持久和平的幸福。心智成熟的过程是一个不断发现自我的过程。在这个过程里，我们了解了自己，也理解了别人，所以可以更加清楚地认清自己，肯定自己，也可以更加圆熟地待人处事，活得多姿多彩。也许现在我们的心智还不够成熟，这导致我们很难认清自己，很难游刃有余地翱翔于职场。那么怎么办？改善心智，开启心灵的大门，让心智成熟起来，让内心强大起来。

1.

不做职场里的“低能儿”

在职场江湖里，为什么有的人可以事业有成，有的人则会一事无成？

这个问题有些难以回答，因为如果细推起来，可能会有很多原因。职场也是一个不小的“生态系统”，但这里面，成功的因素多如牛毛，失败的因素也多如牛毛，我们无法一一列举。在这里，我们想阐述其中一点非常重要的原因，那就是心智的成熟与否。

每个人都有一套自己的处事方式。但是，无论你有多么聪明，如果在职场中无法改善心智的话，那么只能做一个职场中的“低能儿”。可以说，职场中的“低能儿”非常的失败，失败到什么程度呢？很简单，倘若我们是职场中的“低能儿”，那就只能忍受工作不如意的痛苦，忍受被人排挤的痛苦，忍受工作困难的痛苦，忍受一事无成的痛苦。职场中的“低能儿”，只能与痛苦、失败为伴。是不是很可怕？

当然很可怕！所以，我们每个人都不愿意去做职场中的“低能儿”，都在想方设法改善自己的心智，提高自己的职场“智商”。问题又来了，我们要怎样做，才能改善自己的心智，让自己成熟起来，强大起来，不做职场里的“低能儿”？

简单来说，不想做职场里的“低能儿”，我们需要弄清楚两个问题：一个是，我是谁？另一个是，我在为谁工作？这两个问题，是提高我们职场“智商”的关键。先来回答第一个问题：我是谁？

好吧！好好想一想，我们到底是谁？在职场里，我们仅仅是一个打工者吗？仅仅是一个“端谁的碗，归谁管”，没有一点儿自主权的打工者吗？

仅仅是为了挣得一个月那点工资的打工者吗？当然不是！在职场里，我们并不扮演那样的角色，我们是一个在老板搭建的平台，尽量实现自我价值的造梦者，我们在为自己造梦。如果我们可以把心智改善到这里，那么可以了，在工作的时候，我们就不会烦躁，不会厌倦，不会觉得枯燥乏味，我们反而会觉得处处有激情，处处有快乐，我们甚至会长叹一声：原来工作也是如此丰富多彩。如果我们也做到这些了，职场“智商”至少已经提高了一大步，因为我们终于认清职场中的自己了，可以开开心心，实实在在走向自己的梦想，却不会觉得不知所谓。

再来看第二个问题：我在为谁工作？

有人说了，这还用问？我们是员工，当然是为老板工作了。好了，有这样想法的人，也是职场的“低能儿”。为什么？很简单的一个道理，我们努力工作，是为了实现自我价值，是为了寻找目标，实现美梦。我们只是为了自己，怎么能说是为了老板？老板只是给我们搭建了一个平台，让我们可以在这个台子上展翅高飞。当然了，老板也通过我们，获取了一定的收益，但是，相较于实现自我价值，实现自己的梦想，孰轻孰重，我们看得到。所以，在职场里，我们要弄清楚，我们不是在为老板工作，而是在为自己工作。知道了这一点，我们就可以踏踏实实积蓄自己的力量，厚积薄发，冲向自己的目标。记住，我们的事业有成，一定会依靠做员工时积蓄的力量。任何有事业有成的成功人士，都从这条路上走起。

当然了，知道了这一点，我们的职场“智商”又进了一步。可以站在当下，放眼未来，我们的内心会更加强大。其实在职场里拼搏，只要认认真真地考虑清楚这两个问题，我们就完全可以摆脱“低能”的束缚，睿智而轻松地工作。无需承受太多的精神压力，我们依然能够大踏步地实现自己事业有成的目标。

这样，岂非更好吗？

有两个同龄的年轻人同时受雇于一家零售店铺，他们拿同样的薪水，做同样的工作。可是，一段时间之后，差别却出来了，叫汤姆的小伙子青云直上，成为了零售店铺的主管，而叫约翰的

小伙子却还在原地踏步走，拿刚来时的薪水，做刚来时的工作。

这种结果看似有些“不公平”了，约翰忍不住大发牢骚：“为什么要这样对我？我什么地方做错了吗？”终于，他来到了老板的办公室，向老板陈述了自己的“委屈”。

老板耐心地听了他的抱怨，并没有做出什么表示。等到约翰发泄完了，老板才微笑着对他说：“约翰，你的问题等一会再讨论，你必须要工作了。现在是早上，你去集市上考察一下，看看今天早上有什么卖的。”

约翰去了，很快又返了回来。他对老板说：“我仔细看了，早上集市上只有一个农民拉了一车土豆在卖。”

“有多少？”老板问。

约翰愣了一下，挠了挠脑袋，转身又往集市上跑去。过一会儿，他又满头大汗地跑了回来，对老板说：“我问过了，总共有三十袋土豆。”

老板盯着约翰问道：“那么，价格是多少？”

约翰涨红了脸，不知道说什么才好，转身第三次跑回集市，问清楚了价钱。这个时候，已经快中午了。

老板看着满头大汗的约翰，笑着对他说：“累了吧！你先坐到这把椅子上休息一会儿，不要说话，看看别人是怎么做的。”

老板叫来了汤姆，向他布置了同样的任务。

很快，汤姆就从集市上回来了，很轻松地向老板汇报：“到目前为止，集市上只有一个农民拉了一车土豆在卖。他本来拉了三十袋，已经卖了两袋，还余下二十八袋。土豆的价格我问清楚了，比市场上的土豆要便宜不少。当然了，土豆的质量也很不错，我还带了一个回来，大家可以过过目。通过交流，我知道这个农民昨天铺子里的西红柿卖得不错，库存已经不多了，而且价格也很合理。我想，这么便宜的西红柿，老板肯定会进一些的，所以，我不仅带来了一个西红柿，还把那个老农也带来了。具体的，老板您可以亲自和他谈。”

听完汤姆的汇报，老板望了望在一旁目瞪口呆的约翰，认真地说："现在，你肯定知道，为什么汤姆的工资比你高了吧！"

我们来看，为什么汤姆的薪水会比约翰高？很显然，在工作中，汤姆是一个心智成熟的职场高手，而约翰则是一个"低能儿"。他不是智商不够，而是职场"智商"不够，他没有认清职场中的自己，更不知道自己在为谁工作。所以，他工作起来的时候，可能也下了力气，但却无法认认真真，全全面面地考虑手中的工作。他总是无法把工作当成自己的事儿来做，所以总会漏掉很多细节，而这些细节，则恰恰是工作成功的关键。我们只能说，在这个故事里，约翰是一个职场"低能儿"，而汤姆则是一个心智成熟的职场精英。

我们也像约翰一样，是一个职场"低能儿"吗？如果我们还无法认清自己是谁，弄明白自己在为谁工作，如果我们还无法投入主动、激情、热情以及努力，如果我们还无法把工作当成自己的事来认认真真，全力以赴地完成，那么，我们就是职场中的"低能儿"。

所以，不做职场中的"低能儿"就必须从改善自己的心智开始，让自己的心智成熟起来。我们要让自己的内心从懵懂慢慢走向清醒，清楚地知道自己是谁？在为谁工作？只有改善了自己的心智，我们的内心才能强大起来，才能在竞争激烈的职场江湖中成就一番事业。

千万不要做职场中的"低能儿"，我们要做职场中的"高智商"者。

2. 做一个真正了解自己的人

马来西亚民间有句谚语是这样说的："天上的繁星数得清，自己脸上的煤烟却看不见。”这句话想表达的意思，就是人最困难的事情就是看清自己。可不是，我们有两只眼睛，想看见别人很容易，但想看清自己却很难，不仅很难看清自己脸上的“眉眼”，更很难看清自己的内心。很难看清自己的内心，就是很难了解自己。换句话说，我们每个人，都很难真正了解自己。

人的心灵是世界上最复杂，最难以理解的。作为心灵的主人，在很多时候，我们都无法真正了解自己的内心。我们喜欢什么？想要什么？能做什么？想怎么做？不得而知！我们根本就不知道！可笑的是，我们却总以为很了解自己，往往会根据对自己内心肤浅的了解，做出一些不可思议的事情来。想想看，我们有过这样的经历吗？肯定有过！我们也许会错误地认为，工作就是为了挣钱，却不考虑自己真正想要什么，真正想实现什么样的梦想；我们也许会错误地认为，自己没有什么能力，能够做好手中的工作就不错了，哪还敢奢望进一步发展，但却从来没有想过，自己的潜能其实也很强大，只是被忽略了而已。还有很多这种情况，这其实都是我们不了解自己，没有真正认识自己。

作为一个人，尤其是一个在职场江湖里拼搏的人，我们必须要真正了解自己。只有真正了解了自己，我们才能够认识自己，肯定自己，而唯有能够肯定自我的人，才能发挥出全部潜力，才能有信心和勇气来提升自我，从而更进一步发展。我们要想内心强大起来，也必须真正了解自己，要知道自己真正喜欢什么，想要什么，能做什么。如果这些全都清清楚楚的话，我们就可以无所畏惧地在职场江湖里左突右冲，横行无忌。

虽然真正了解自己很重要，但无可否认，这也很难。人是一种很奇怪的动物，感性和理性总是在不停地争斗，当感性战胜理性的时候，人们就会固守着原有的观点，哪怕这个观点是错误的也在所不惜。所以，在很多时候，我们对自己的认识往往只停留在一个看似正确的圈子里，只是停留在表面，却不愿意去挖掘内心深处的东西。这其实就是“幼稚”，一种职场最常见的情况。这其实也是一种不成熟，是一种心智的“低能”。那么，怎么改变这种情况呢？改善心智，做一个真正了解自己的人。

张扬是一家知名IT公司的程序员，他的资历比较老，2001年毕业于北京高校某计算机专业。那时候，正是IT业风气起涌，刚刚热闹的季节。他和他的同学们，在还没有毕业时就被全国各大知名IT公司瓜分完毕，根本就不存在找工作的现象。而他自己，也是在那个时候，被高薪聘进了那家IT公司。

这家公司规模很大，待遇好，福利好，社会地位也高。在亲戚朋友圈子里，他成了人人羡慕的有为青年，心里自然也有点小欢喜。不过，好事还在后面呢！进公司一年之后，他就开始被频繁地派往国外出差。这三个月被派往西班牙交流工作，趁机游览一番欧洲；那三个月又被派往日本，富士山上逛逛也不错。这条件多好！更让他觉得惬意的是，出差归出差，回到公司里，年假双休也一点不克扣，休息的时间还是大把大把的。好吧，趁着这个时间，再把国内好好转转。

这样的生活让他觉得很满足，他觉得，自己就应该一直这么生活下去。在这种“惬意”的生活里，他渐渐迷失了自己，不知道自己真正想要什么，能做什么。

舒服的日子又过了几年，他开始过不下去了。为什么？因为行业发展开始走入低谷。由于几年的安逸生活，他一直满足于现状，没有前进，也没有后退，所以工资还是在原来的价位上。那点工资在几年前相当可观，可是现在却不行了，物价上涨不说，他也想要买房买车。这么一盘算，那点工资确实捉襟见肘。

在公司里，他只会做编程，而且肚子里就那么点儿存货。所以，升级做管理工作显然不太可能。那么想多拿点工资，就只有一条路了，转行或者跳槽。

在他看来，也许是天无绝人之路吧，正在他心急火燎想跳槽时，有猎头公司找上门来了，请他到一家小的软件公司工作。当然了，薪水可观，还有升职做管理的机会。他来不及多想，生怕抓不住这份工作，失去了挣钱的大好机会。一纸辞呈报告交上去，他匆匆辞了职，简单收拾了一下东西就投奔了新东家。

不过，让他没有想到的是，新公司的品牌知名度太低，没有自己的市场。公司为了节省资金，让程序员做好自己工作的同时，也要做销售工作。这下他傻眼了，他从来没有做过销售，而且性格上也并不适合做销售，这工作可怎么做？

担心归担心，工作还得照做。他一边做着自己的本职工作，一边开始做销售，时间不够，就拼命地加班。说是加班，其实没有一点加班费，公司信誓旦旦地保证，只要业绩上去，一定让每个人都有可观的收入。但是业绩能上去吗？对于一个没有知名度的小公司来说，要想搞好业绩，谈何容易。业绩上不去，他的加班成了白干，而原本许诺的工资，也大打折扣。

他心里凉了下来：这就是自己跳槽拿高薪的美梦吗？

现在他已经不敢考虑拿高薪的问题了。这个小公司情况不稳，哪天倒闭了，该怎么生存？

应该说，张扬是一个职场里的失败者。他有技术，有能力，也有过机遇，但是，因为不了解自己，他在职场里败得一塌糊涂。当工作条件优越的时候，他以为那就是自己想要的，所以不思进取。其实真正想要什么，他却一点也不知道。所以当危机到来的时候，他手忙脚乱地不知所措，以为跳槽就可以解决难题。但实际上，跳槽却无法真正解决问题，问题的根源还在他自己身上。

他没有真正了解自己，一直不知道自己想要什么，能做什么，在什么地方有欠缺。所以，他成了井里的青蛙，总是在自己的那一小片天地里做着美梦。当然，那个梦并不真实，梦醒了，他只能无奈地成为职场中的失败者。

我们要想内心强大，必须真正了解自己。虽然真正了解自己并不太容易，但只要尽力去做，我们就可以做到。真正了解自己的途径很多，我们可以通过现实的展现，进行分析、审视、解剖、度量、判断，以便更确切，更真实，更深入地了解自己。真正了解自己的过程，其实也是一个改善心智的过程。当我们从懵懂混沌走向清晰明了的时候，就会发现，原来自己也有梦想，原来要实现梦想，并不会太难。有了这种想法，在职场江湖里，我们就会一天天强大起来。

真正了解自己，认识自己，肯定自己，发掘自己，是我们在职场是强大的关键。

3.

工作究竟为了谁

一位伟人曾经说过："人生来就是为了工作，工作占据了我们生命中的大部分时间。工作是人生运转自如的转轴，影响着人的一生。"想想看，的确如此，从周一到周五，朝九晚五，我们浩浩荡荡地杀进办公室，忙得不亦乐乎。忙完了，下班回家；忙不完，加班接着工作。差不多天天如此，很多时候，甚至周六、周日以及放假时间，我们也都在工作。我们就像是一个陀螺，被事情"缠住"了身体，只有不停地旋转，才能甩掉一些沉重的担子。我们一直在"转"，可是，在转的同时，我们想过了没有，工作究竟是为了谁？

不用多想，很多人肯定会这样回答："我们工作当然是为了老板，为了公司。很简单嘛！我们自个才拿多少薪水呀！老板用一点微薄的薪水拴住了我们，让我们拼命为公司做事。我们用自己的辛苦，撑起了公司。所以，我们是在为公司工作，为老板工作。"

从表面上看，情况好像确实如此，我们似乎真的是在为公司工作，为老板工作。但实质上却并非如此，再深入一点，我们就会发现，原来我们是在为自己工作，为自己的梦想工作，为实现自己的价值工作，为自己美好的明天工作。我们的辛勤付出确实使公司获得了利益，使老板得到了好处，但不要忘了，我们在赚取相应报酬的同时，不仅实现了自身的价值，也汲取了人生成长的营养。通过工作,我们可以不断地提升自己,使自己变得越来越强大,越来越接近心中的梦想。

当然了,这些都是大方面的好处,在一些小的方面,我们依然可以获得很多好处。想想看,在工作中,我们的知识增长了吗?我们的眼界拓宽了吗?和同事合作,我们的协调能力加强了吗?和客户交流,我们的沟通能力进步了吗?知难勇进,我们的心志更加坚韧了吗?毫无疑问,所有的答案只有一个,那就是:肯定!这些都是我们从工作中获得好益处,有钱也买不到。从这方面来看,我们工作,难道还是为了公司,为了老板?当然不是,正是为了自己。

那些总是以为自己工作是为了公司,为了老板的人,注定只能是职场里的失败者。为什么?因为一旦有了这种想法,他们就会视工作为鸡肋,食之无味,弃之可惜。所以做起事来的时候,心不甘,情不愿,为了挣钱必须要工作,但却无法全身心投入,草草应付,差不多就好。这种工作态度,不但效率不高,连带着心情也会不好,会为一点挫折萎靡不振,也易被失败击倒。他们的想法是:只要能拿到手这点工资,管它呢!想想看,在这种状态下工作,能进步吗?能取得好的成绩吗?显然不能!所以这样的人,注定无法纵横职场江湖。

改善心智,把这种不成熟的想法扔到一边,我们一定要明白:工作是为了自己。在工作中,不管做任何事,我们都应该将心态回归到零,把自己放空,抱着学习的态,把"自己"的工作做好。看清楚了,是自己的工作。成熟心智的标志之一就是,我们工作是为了自己,我们手里的工作是自己的工作。

一位著名的管理学家去采访松下、索尼等大型电子公司的工作人员。每一次采访,他都会问到一个问题:"你在岗位上做点什么?"

答案自然是五花八门。"我的工作是上螺丝。""我的工作是搞焊接。""我的工作进原材料。"……

虽然什么样的答案都有,可是在管理学家听来,却一直没有自己想要的。他想要听到什么样的答案呢？他想听到有人说，“我在做电子产品。”或者是“我在从事一项很了不起的工作，能加快人与社会的联系，促进社会的繁荣进步。”这些答案听起来似乎有些空洞，但却能立体地反映一个工人的心声：为了什么在工作？这样的答案里充满了自豪感，如果有人这样回答，那会说明，他明白自己是在为自己工作，他在为自己的工作自豪，为自己的付出骄傲。

当然了，我们也不能说前面那些员工的回答错误，但是从他们的回答里，我们却可以看出他们对工作的认识。他们不认为工作是为了自己，而是觉得是为了公司，为了老板，自己只是负责做手中的那些工作。他们还会认为，自己工作仅仅是为了挣得薪水，所以他们只看到了自己的任务，而看不见其他。他们甚至没有觉得，为自己工作是一件多么了不起的事。没有自豪感，没有成就感，看不到自我价值，他们工作起来，怎么能开心，怎么能充满活力和斗志？

在工作中，如果弄不清楚自己工作到底是为了谁，或者只认为工作是为了公司，为了老板而不是为了自己，那么，我们就会失去工作的激情和动力，就会应付工作，不能尽心尽力，尽职尽责地处理好工作中的每个细节。这样一来，我们就很难在工作中做出成就，取得成功。

有一个年轻人取得研究生学历后，找工作却难了起来。原来，他的学历不低，但想找到一个与自己学历相符的工作，却并非易事，找来找去，总没有合适的。辗转奔波了两个月之后，为了生活，他放弃了。他收起了自己的研究生学历，只用大专的学历在一家外资企业担任了品检员。这份工作的薪水，甚至比普通工人还低。

但是一进入公司，他就开始活跃起来。每天勤勤恳恳，快快乐乐，工作积极而富有激情。来公司半个月后，他就利用闲暇时间，对公司车间的生产状况作了摸底了解。他发现，公司车间的生产成本很高,产品质量也很差。他认为,如果改进的话,同样的资金投入,公司可以赚得更多。于是,他便不遗余力地说服公司老板推行改革以占领市场。

老板认真听取了他的意见,召集高层开始研究他的策略。

身边的同事很是不解,对他说:"你看你,就拿那么一点薪水,为什么还要这么卖力?老板又不会多给你奖金。"

他笑了:"没有奖金也没什么啊!我是在为自己工作,能使公司发展更快,我很快乐。快乐的事情是不需要回报的。"

几个月后,公司开始推行改革,而这位年轻人,则晋升为副经理,薪水翻了几倍。接下来,在他的带领下,公司的改革取得了不错的成就。仅改革一项,就让公司每年的利润增加了几百万元。

我们工作究竟是为了谁?这个年轻人给出了答案。工作当然是为了自己,他不在乎别人的说法,面对自己的工作,积极快乐。在积极快乐的工作中,他实现了自己的人生价值,慢慢地向着自己的梦想靠近。他的成功,不是偶然,而是必然。因为,他一直都知道,工作是为了自己,做自己的事,怎么可能不尽心尽力,不做出成就呢?可以说,有了这种心态,无论在什么地方工作,他都会做出成就。

工作是我们安身立命之本,是我们无法逃避的事实。我们需要生存,需要养活家人,养活自己,就必须工作。工作在我们每个人的生命中,都必不可少。我们无法选择不去工作,但是,我们却可以选择怎样面对工作。我们可以认为工作是为了公司,为了老板,也可以认为工作是为了自己,两种不同的认知,会得到两种不同的结果。前者会应付、抱怨、马虎、得过且过,工资拿到手了事;后者则会尽心尽力、认认真真、踏踏实实地把工作做到最好,为了自己,怎么能不尽力而为?当然了,前者会觉得工作枯燥乏味,缺少人生乐趣;后者则会认为工作很快乐,可以实现人生自我。

这是对工作两种认识带来的不同结果,我们觉得哪一种结果更好?不言而喻。所以,当我们还在抱怨自己在为公司,为老板工作的时候,不妨暂停一下，让自己清醒过来，想想清楚，到底工作是为了谁？

这很重要，明白工作是为了自己的人，内心将会无比强大。想想看，为自己做事，是多么让人兴奋和激动。

4.

摘掉心中那副有色眼镜

每个人心中“工作”的含义都不一样。在前面，我们知道工作是为了自己，那么在这里，我们需要再给工作下一个定义：工作是什么？有人说，工作是上帝安排的任务，是上天赋予的使命，这太笼统，只停留在了表面；有人说，工作是一种生活的手段，是一种谋生的工具，这太狭隘，也太肤浅。那么，工作究竟是什么呢？

具体来说，工作就是经过努力达到心中既定的某种目标。当然了，在工作的过程中，我们如果可以实现自我价值、发挥自己的潜能、展现自己的才能、增强自身的力量，这样的工作，才是最让人满意的工作。无法在工作中享受到乐趣的人，就无法体会工作的真正含义。

这是工作的真正含义，但是在实际生活中，往往会有很多人，喜欢戴着有色眼镜看待自己的工作。他们在潜意识里，把工作分成了三六九等，赚钱多的是好工作，赚钱少的是差工作；社会地位高的是好工作，社会地位低的是差工作。即便是在同一个公司里，他们也会把工作分等级，容易做的是好差事，不好做的是烂差事；大事情要认真，小事情可以马马虎虎，等等。像这样戴着有色眼镜工作的人，数不胜数。说一千，道一万，他们之所以会这样做，还是因为没有弄清楚工作的真正含义。

无论什么样的工作，我们都应该积极地面对。工作不分高低，只要可以通过努力达到心中既定的目标，只要能够实现自我价值，增强自身力量，我们都应该快乐，认真，踏实地面对。在职场中，我们总会遇到这样那样的选择，寻找工作的时候，我们需要选择；在公司内部，做任务的时候，我们也需要选择。那么我们选择什么样的公司，选择什么样的工作呢？别戴着有色眼镜去看，我们有兴趣的，有梦想的，能够实现自价值的，能够提升自身能力的，都是我们可以选择的对象，而不是说，公司非大不选，工作非重要不做。尤其在工作中，面对接踵而来的工作，我们一定不要戴着有色眼镜去看。所有的工作，到了我们手中，我们都应该将其完成得漂漂亮亮，不要因为，它“不重要”，我们就马马虎虎，草草应付。如果是这样，我们的能力不会增长，经验不会增多，也无法积蓄更多的力量。这样的话，我们又怎样才能强大得起来？

我们要想以强大的内心驾驭竞争激烈的职场生活，就一定要学会认真对待自己的工作。不仅要把工作当成自己的事，还要大事小事一视同仁，不戴有色眼镜。只有如此，我们才能更好地提升自己的能力，积蓄前行的力量。也只有如此，我们才能养成一个很好的工作习惯，不错过身边的任何一个机会。

李丽是公司的一名打字员，这份工作她做了有两年了，刚进公司时的激情早被每天的敲字工作消磨殆尽。所以每天上班，她都是心不在焉地敲字，没资料时就上网聊天。

有好几次，她聊天正聊得上瘾的时候，有同事拿来文件要打，她都很不耐烦地开始工作。由于心情不佳，她打的资料总是错二连三，被领导批评过了好几次。但是，批评没有用，无聊的时候，她还是会上网聊天，用聊天消磨自己的时间。

一次，又出现了这种情况，她正玩得高兴的时候，有个同事拿来了资料要打。她很不高兴，对同事说道：“哎呀，真是麻烦，就这么点东西，自己打好了，还非得拿来让我打。我今天的任务都完成了，多做这么多活，工资也不给我加，不公平！”

同事脸上有些挂不住，反驳她说：“这是你的职责所在呀！你的工作就是做这个，当然要你来打了。我手里还有自己的事情要做呢！”

她一听，火了，大声嚷道：“哼！你以为谁愿意干这事啊！有好的选择我才不来这里伺候人呢！这算什么破工作呀，没有前途不说，还得受气！凭什么你们这个也来指使我，那个也来指使我，还横挑鼻子竖挑眼的？告诉你，我早就烦了，以后再有这样的小事，就少来烦我！”

同事气得涨红了脸，一声不吭地扭头就走。打了“胜仗”，李丽觉得心里舒服多了。她也不在乎别人告到领导那里，她觉得这是自己的言论自由，反正自己的工作已经完成了。平复一下心情之后，她又投入到了聊天之中。

两个月后，在公司全体例会上，老总向全体员工介绍了几个刚加入公司的新员工。没想到，其中居然有一个打字员。李丽很高兴，她知道公司向来只有一个打字员，多招一个，那自己以后的工作肯定会更加轻松。不过，让她始料未及的是，会议结束后，总门主管就带都会新来的打字员，来和她交接工作了。她被解雇了。

主管说：“听同事们反映，你很看不上自己的这份工作，而且还对工作挑三拣四。这不是一个热爱自己工作的员工应有的表现。一个不热爱自己工作，总是戴着有色眼镜看待工作的人，是无法将自己的工作做好的。所以，请你去别的公司找自己喜欢的工作，找一些重要的事情来处理吧。”

李丽无言以对，只好收拾东西离开公司。

永远别戴着有色眼镜看待自己的工作。我们工作是为了自己，为了实现自己的梦想，为了实现人生的自我价值，由此来说，只要是对我们的成长有所帮助的工作，都值得我们尽心尽力去做好。认认真真的，踏踏实实，不看不起，不挑三拣四，把每项工作都看成是成长的一个环节，用心去做。唯有如此，我们才能快快乐乐地享受工作带来的乐趣，以最快的速度走向成功。

很久以前,罗马一位演说家说了一句话:“所有的手工劳动都是卑贱的职业。”他看不起手工劳动。因为这样一种错误的说法,罗马的辉煌历史就成了过眼云烟。今天,在职场里,我们对自己的工作,还有同样的看法吗?如果有,那就只能证明一点,证明我们的心智还不够成熟。想想看,如果无法客观地看待自己的工作,认真地对待工作中每一个细节,我们怎么能全身心地投入到工作之中?如果总是敷衍塞责、得过且过,将大部分时间用在如何摆脱现在的工作环境上,那我们如何才能有所成就?

所有合法正当的工作,只要是我们选择的,就都值得我们认真对待。工作没有三六九等,工作也不能塞责应付,只要是我们的工作,我们必须认真、踏实、努力、勇敢地完成。戴着有色眼镜看待自己的工作,会影响我们强大的内心。摘掉内心的有色眼镜吧!我们可以!

5.成为一名心智成熟的员工

虽然张爱玲曾经说过:“在人生的路上,有一条路每个人非走不可,那就是年轻时候的弯路。不摔跟头,不碰壁,不碰个头破血流,怎能炼出钢筋铁骨,怎能长大呢?”但是人生何其短暂,尤其是我们的职场人生,时间更是弥足珍贵。如果弯路走多了,不仅会浪费大把的时间,更会使我们失去信心,失去奋斗的动力。所以,人生的弯路还是走得越少越好。当然了,职场上的弯路也是走得越少越好。我们要想在职场上少走弯路,就要做一名心智成熟的员工。

有人说,未来的职场,属于那些心智成熟的员工。这话一点不错,心智成熟的员工,是职场里最厉害的角色。他们懂得怎样发现自我,了解自己;他们懂得怎样确定目标,大步前进;他们有激情,有活力;他们有韧性,很坚强。当然了，他们还很睿智，极具吸引力。可是说，心智成熟的员工，在职场江湖里能够所向披靡，战无不胜。能够最终事业有成的人，往往都是一些心智成熟的人。

所以，我们要想事业有成，就必须改善心智，做一名心智成熟的员工。

那年，他大学毕业，经过半个月的奔波，找到了一份策划的工作。他很珍惜这份工作，打算在这里用勤奋和拼搏来实现自己的梦想。第二天，部门主管就给他和几个新人布置了一项任务：每人都做一份全国促销方案的策划，时间为一周。主管还特别强调：这次是公司考察大家的能力，做好的策划方案董事长要亲自过目，所以大家一定要认真做，好好抓住这次机会。

这确实是个机会。他想：那几个同事的能力看起来都不错，怎样才能做出比他们更好的策划方案呢？冥思苦想了半天，他也没能想出一个好办法。最后只好采取了一个笨方法，那就是以数量取胜。别人做一份策划方案，他就做四份。他甚至为自己的主意感到高兴：四份里面，总有一份最好的吧！一定可以超过别人！

他开始加班加点地做策划方案，整整熬了三个晚上，终于在一周之内做出了四份策划方案。当他把四份策划方案交给主管之后，不禁松了口气，觉得自己稳操胜券。

没想到，几天之后，主管过来找他，并且告诉他，董事长点名要见他。

他心里一阵狂喜：付出终有回报！看来自己的努力并没有白费。只要董事长认可自己的才华，那么在这家公司里发展起来就指日可待了。

董事长看到他进来，非常客气地请他坐下。让他颇感意外的是，董事长并没有直接讲策划方案的事，而是开门见山地给他讲了一个故事：

森林之王老虎生宝宝了，而且是一胎双生。这在森林里可是天大的喜事，所以有动物都来祝贺。但是，有只动物却没有来。它是谁呢？原来是老鼠没来，因为老鼠对老虎生下两个宝宝很不以为然。老鼠也刚做了妈妈，它一胎生了八个宝宝呢！因为这事儿，老鼠心想：有什么了不起呀！老虎根本就不如我！

老鼠的朋友松鼠知道了它的心思，就对它说："老鼠呀！虽然你孩子的数量是人家的四倍，但不要忘记了，人家的品种比你好得多呀！所以，你怎么能觉得人家不如你呢？"

董事长慢慢地讲完故事，微笑着对他说："小伙子，我的故事讲完了。你的四个策划方案我看了，看得出，做策划方案时你尽了百分之百的努力。可是，你分心了，做了四份，这也就等于你把百分之百的努力分了四份。换句话说，在每份策划方案上，你只付出了百分之二十五的努力。这能做得好吗？但反过来，如果你可以把百分之百的努力都投入到一个策划方案上时，你得到的将是一个百分之百的策划方案。小伙子，心智不够成熟呀，有些急躁了！在很多时候，多，并不代表好。你说呢？"

他恍然大悟，心智的大门被拉开了一条缝隙，吹进去一些清凉透心的风。他改变了自己的思维，总是专注而努力地做好自己手中的每一份工作。他懂得了，数量只是一个标志，当只有数量却没有质量的时候，一切都只能是白费工夫。

两年后，他坐上了策划部主任的位置，把策划部管理得有声有色。由于工作需要，他被公司由策划部调到了经营部，带领一支团队。刚调到经营部，任务就来了：公司董事决定，现任中层领导各率领自己的团队开展为期一年的经营工作，自负盈亏。做得好，年终有奖励；做得不好，排到了最后，团队领导将会被淘汰。这是一个很大的挑战，也就是说，如果做不好，他将由管理层再跌回普通员工。

本来心里有些忐忑，当拿到公司分配的城市名单时，他更是为之气结，心里凉了半截。自己分到的几个城市，全是偏远的不发达地区。他有些愤怒：这算什么？这不是上面有人故意为难自己吗？摆明了有人想让自己被淘汰！那还干什么？不干了！第二天，他就递交了辞呈。

董事长又一次把他叫进了办公室。看着他满脸愤怒的样子，董事长笑了，客气地请他坐下，然后问了他一个问题："假如现在这里有一个水果盘，里面只有三块西瓜，一块大的，重三百克，另外两块是小的，重量都是二百克，让你先选，你先哪一块？"

他有些赌气，直直地盯着董事长说："我当然要大的，要三百克的那块！"

"那好吧！你拿三百克的那块，我就拿一块二百克的，咱们俩一起吃。我的那块比较小，所以肯定是我先吃完，吃完之后，我可不会客气，我要把剩余的那块拿过来吃。你不是想要大块的吗？觉得要大块的占了便宜，但结果呢？加法你应该会，我的两块合起来重四百克，比你那一块足足多了一百克呢！到底是谁占便宜？"

他一愣，似有所悟。

董事长继续说道："同样的道理，给你分配的城市是一些偏远的城市，你凭什么就认为那里的市场没有前景呢？又凭什么认为自己的工作难度要比别人的大呢？在很多时候，表象往往最能迷惑人，一个心智成熟的开拓者，是不会被表象所迷惑的。小伙子，市场是做出来的，不分大小好坏，没有难易之别。看来你的心智还不够成熟，一个小小的表象，就使你打了退堂鼓。辞职信在这里，现在，你可以选择重新递交或者是收回。"

他当然是收回了辞职信，并且带领着自己的团队，在那几个边远的城市打开了市场，随后又攻了回来。三年过后，他被提升为公司总经理。在他升任公司总经理那天，董事长又给他讲了一个故事：

有几个人在在仓库里干活，其中一个丢了一块手表。大家看到他丢了手表非常着急，就都停下手里的活，帮他找表。但是，无论大家怎样努力，却一直找不到那块表。后来有一个小孩……

还没有等董事长说完，他就接着说："后来有一个小孩，趁着这几个人休息的时候来到了仓库。他没有四处寻找，而是趴到地上，找到了那块表。他很聪明，通过倾听声音找到了手表。"

老人又笑了，"看来，你听过个故事。那么，你能告诉我，这个故事告诉人们一个什么样的道理吗？"

他说："倾听。这个故事告诉了人们，要学会倾听，才能发现很多意想不到的事情。多听听别人的声音，才能更好地了解这个世界。"

"是的，这个故事讲的正是这个道理。可是，小伙子，你是在倾听我说话吗？自信是一件好事，但是千万别把自信变成了自负。如果你总是自负地打断来自员工的声音的话，那么你将与市场脱节，最终被市场所淘汰。即便你什么都知道，但是还要虚心地倾听和学习。只有这样，你才能不断地强化自己。这同样，也是一个心智成熟者必备的素质。"

他记住了董事长的话，一步步改善了自己的心智，终于成为商界的翘楚。

从心智并不成熟，到慢慢走向心智成熟，"他"经历了很多，也学会了很多。职场是一个很深很深的水潭，表面看似风平浪静，波澜不惊，但实际上却暗潮汹涌，处处危机。如果稍有不慎，我们就会被危机吞没，葬身潭底。所以在职场上拼搏，我们首先就需要改善心智。当心智成熟起来的时候，我们就会少犯一些低级错误，少走一些弯路，就能"明察秋毫"，看清水面下的玄机，从而安全地走向成功。

当然了，心智成熟的员工，不仅能够少走弯路，而且还知道自己想要什么，要怎样去做才能实现目标，他们往往会有坚强的意志，明白坚持就是胜利的道理。所以，心智成熟的员工，总能够更快地实现自己的梦想，走向成功。

成功当然是我们想要的，所以，我们也要做心智成熟的员工。

6. 内心强大，从改善心智开始

在工作中，我们常常会被环境所支配，也会被他人的评价所影响。环境稍微有一些欠缺，我们就会对工作无从下手；工作中稍微遇到一些困难，我们就会畏缩退却；领导批评了几句，我们就会一蹶不振；同事在背后发了些牢骚，我们就会怒火中烧……想想看，我们有过这样的经历吗？也许曾经有过，也许现在还有。有，就证明了一件事，那就是我们的内心还不够强大。

内心不够强大不仅会带来这样那样不好的错觉，还会使我们工作的异常辛苦，更会使我们的精神愈加迷茫。虽然还在手忙脚乱地追求物质利益，虽然还在工作中拼死拼活，但是精神上的供给薄弱了，我们还是会在工作中越挣扎越痛苦。没有强大的内心作后盾，我们总是会依赖环境的影响，总是会在意别人的评判，总是无法证明自己，实现自己的价值。可以说，如果内心不够强大，我们就只能会被竞争激烈的职场所淘汰。我们不想出局，不想失败，所以必须学会使内心强大起来。

要想使自己的内心强大起来，就必须从改善心智开始。

心智是人们对已知事物的沉淀和储存，通过生物反应而实现动因的一种能力总和。我们的心智，指的是我们各项思维能力的总和，用以感受、观察、理解、判断、选择、记忆、想象、假设、推理，而后据此指导自身的行为。乔治·博瑞博士给心智下的定义包括三个方面的内容：第一，获得知识；第二，应用知识；第三，抽象推理。

现在，对于心智我们已经有了明确的了解，那么心智不成熟的实质就很明显了。心智不成熟，正是在知识上有漏洞，欠缺了一些思维能力，从而无法正确地观察、理解、判断、选择、记忆等等。而这些东西，却正是身在职场的我们必不可少的能力。这些能力不足，我们将很难认清自己，看清自己所处的环境，弄明白自己要怎样做。简单来说，心智决定了我们以什么样的姿态投入到工作之中。心智是我们职场生涯的一把钥匙，能否拥有强大的内心，能否打开成功的大门，关键就在于此。

万里长征，改善心智，是我们要走的第一步。

在一个美丽的花园里，长满了各种花草和树木。其中有苹果树、橘子树、杏树、桃树，还有玫瑰花和紫罗兰。这是一个阳光充足、土壤肥沃的地方，花草们都很满足。它们为自己能够生长在这样一个好环境里感到开心。但有，有一棵树却感觉很悲伤，因为它有一个问题：它不知道自己是谁。

“我是谁呢？”它常常向自己，问身边的朋友。因为找不到答案，它变得焦虑起来，常常会自怨自艾，认为自己是一个最没有用的树。

苹果树对它说：“你需要集中自己的注意力，如果你真的愿意的话，就努力结出果子。我相信，你一定可以结出很多又大又甜的苹果。你看，就这么简单。”

旁边的玫瑰花听了，大声叫了起来：“朋友，千万不要听它的。盛开玫瑰花其实更简单，你不需要那么多营养，只要一点点就够了。你看看，我们开出来的花，多美丽啊！”

因为不知道自己是谁，这棵可怜的树就尝试了它们所建议的一切。但是，尝试过之后，它还是失望地发现，自己并不能像它们一样，结出苹果或者开出玫瑰花。每一次尝试的失败，都会使它感到挫折和更加伤心。“我到底是谁呢？”它常常在睡梦中喃喃自语。

有一天，花园里飞来了一只非常有智慧的鸟儿，那是一只喜鹊。它看到这棵树意志消沉，没有一点成长的欲望，就向周围的花草打听这到底是怎么回事儿。末了，它对这棵树说：“亲爱的朋友，不用担心，你的问题并不严重。你的问题和地球上大多数人类一样，是看不清自己。我给你一个建议，不要把所有时间都浪费在别人希望你如何的事情上，聆听你自己的声音，多审视你自己的内心，了解你自己。你需要改善心智，让自己的内心强大起来。”

这棵树有些不解，自言自语地说：倾听自己内心的声音？做我自己？改善自己的心智？忽然间它明白了：喜鹊的意思是，不要总被环境影响，不要在意别人对自己的看法。改善心智，能够清楚地认识自己才最真实。它闭上眼睛，认真地审视自己的内心，倾听自己的声音。它听到有个声音在心里说：“你不是苹果树，永远也结不出可口的苹果；你也不是玫瑰花，永远无法开出美丽的花朵。你是一棵红树，这花园里独一无二的红树。你的使命是茁壮成长，然后枝繁叶茂，给鸟儿提供筑巢的地方；你的梦想是蓝天，是白云，是轻风，让花园更美丽。这才是真正的你，是你需要做的。”

它心智的大门，忽然开了一条小缝，然后慢慢扩大。它的心智被喜鹊的一番话给激活了，发生了天翻地覆的变化。它的内心忽然无比强大，充满了成长的欲望。它坚定了自己的信心，决定做一个快乐的自己。很快，它就茁壮成长起来，越长越快，越长越高。它的绿荫覆盖了很大的面积，很多小鸟在上面筑巢。它被越来越多的花草树木景仰，心中充满了满足和喜悦。现在，它成了花园中最了不起的树。

我们有没有像这棵红树一样，曾经不知道自己是谁？我们有没有像这棵红树一样，曾经盲目地工作，却不知道自己是谁，想要什么？我们有没有像这棵红树一样，因没有方向而迷茫困惑？我们有没有像这棵红树一样，因为困惑而失去了信心，一蹶不振？我们肯定有过！在职场江湖，又有谁能肯定自己可以从一开始，就是一个“高智商”的职场精英呢？没有人可以，我们也不行！所以，我们需要改善自己的心智。

改善心智是内心强大的第一步，也是最重要的一步。人从一生下来就需要呼吸，而我们从一涉足职场就需要改善自己的心智。当心智慢慢成熟的时候，我们就会发现，原来曾经有过的困惑、迷茫、焦虑、胆怯、害怕、软弱等等一切弱点，原来不过如此。我们的目标是如此的明确，我们的行动是如此的有力，我们意志是如此的坚强，我们的信心是如此的强大。我们在为自己工作，在为自己的梦想努力，所以我们快乐。成熟的心智让我们快乐、勇敢、乐观、坚强地面对自己的工作，哪怕职场风云变化，又有什么关系呢？因为我们的内心很强大。

内心强大，要从改善心智开始。记着这一点，在竞争激烈的职场中，我们就可以悄然走向成功。

第三章

设定目标，远大的目标让我们走得更远

俗话说："人往高处走，水往低处流。"可是，当我们身处洼地的时候，要向哪边的高处走？寻找自己最渴望到达的地方，就是我们要走的方向，这是设定目标。目标对于我们的人生来说，很重要。英国十九世纪政治家查士德斐尔爵士曾说："目标的坚定是性格中必要的力量源泉之一，也是成功的利器之一。没有它，天才也会在矛盾无定的迷途中，徒劳无功。"对于身在职场中的我们来说，目标尤为重要，它是一盏明灯，照亮了属于我们的生命；它是一个路牌，在迷路的时候为我们指明方向；它是一个罗盘，给我们引导人生的航向；它还是一支火把，可以燃烧我们的潜能。可以说，远大的目标使我们在职场里走得更远。

1.

不要再唱"敢问路在何方"

从小时候起,电视剧《西游记》就是我们最忠实的伙伴,它伴着我们欢笑,伴着我们成长,伴着我们走向社会。我们还记得剧中的主题曲《敢问路在何方》吗?蒋大为用那充满男性气质的声音唱道:"敢问路在何方,路在脚下……"每个人都有迷茫的时候,我们也有过。当我们又唱起这首歌的时候,有没有问过自己:我们的路在何方?

在职场中,如果我们还在问自己路在何方,那就证明了一件事:我们还没有找到自己要走的路。为什么还没有找到自己要走的路?是因为我们没有目标。没有目标,我们怎么知道自己想往哪儿走?能往哪儿走?对于还在职场江湖里拼搏的我们来说,没有目标是一件可怕的事件。有一位人生规划师这样说过:"你今天站在哪里并不重要,但是你下一步迈向哪里却很重要。"这句话告诉我们一个简单明了的现实:一个职场人不仅要有向前走的力量,更得有前进的目标。"下一步"迈向哪里真的很重要,如果没有目标,随随便便再迈出去一脚,我们还会迷惑,还会止步,还会不明白,自己到底是在做什么,想要什么。

拿破仑·希尔在其《思考与致富》中这样说:"凡是没有明确的人生目标的人,便没有成功的希望。"他还说:"确定的目的同积极的心态相结合是所有成就的起点。记住,你的世界是要改变的,你有能力选择你的目标。"我们都有能力选择自己的目标,但遗憾的是,在很多时候,我们往往不知道给自己设定目标,就像是被蒙住了眼睛的驴子,只知道拉着磨拼命向前走。向前走到什么地方?我们不知道。我们甚至还会天真地以为,努力就会有回报。可是,职场中没有目标的努力,和蒙住眼睛拉磨的驴子有什么分别?毫无分别!

我们还在职场中唱“敢问路在何方”吗?路在脚下是没错,但是我们必须要看着前方的目标,再脚踏实地地走路。如果前方没有目标,我们宁可暂时停下来,为自己设定一个目标之后,再大踏步地前进。

萧伯纳说过:“人生的真正欢乐是致力于一个自己认为是伟大的目标。”我们要想使自己欢乐地向前冲,要想使自己激情四射地遨游于职场,就必须要给自己设定目标。远大的目标让我们走得更远,我们必须要学会用目标撑起自己的职场生活。所以,别再迷茫,别再徘徊,别站在职场的十字路口,左顾右盼地唱着“敢问路在何方”。我们不需要问任何人,只需要问问自己的内心,然后,设定目标,奋勇向前。

拿破仑·希尔曾经讲过一个故事:

有两支球队要进行一场球赛,在做过赛前热身运动之后,教练给队员们做了赛前动员。教练对大家说:“伙计们!这是最后一战,成败在此一举!这场比赛决定我们要么会青史留名,要么会默默无闻,结果就在今天。伙计们,努力吧!我们要知道,没有人记得第二名,他们只会记住第一!成败就在今晚!”

听了教练的话,队员们个个士气高涨,恨不得马上就冲向赛场,把对手好好“蹂躏”一番。当他们冲出门跑向球场的时候,几乎要把门从框上扯下来。可是,当他们跑到球场上的时候,却都傻眼了。因为,球不见了。找来找去找不到球,他们开始变得沮丧和愤怒,大声嚷道:“没有篮球我们怎么打球?这比赛没法进行了!”

是的,没有篮球他们怎么打?没有篮球,他们就无法知道比分,无法知道谁强谁弱,无法知道球是否命中,无法分出输赢。球是他们的目标,没有了目标,他们站在球场上,却与比赛无关。他们根本无法进行比赛。

球是他们的目标，那么我们呢？我们的目标又是什么？我们为自己设定目标了吗？我们是不是还在唱"敢问路在何方"？别唱了，一个没有目标的人，就像是一艘没有舵的船，永远漂泊不定。他们同样会经风历雨，同样会辛苦疲惫，但却只能无奈地在大海中漂流，却永远到达成功的彼岸。他们只会到达失望和失败的沙滩，躺在滚烫的沙子上，大口地喘气，悲苦地问自己：我是谁，要到什么地方去？

没有人知道答案，因为答案在他们自己心中。他们需要认真给自己设定目标，然后向着目标前进，就会很快乐，很充实。

前美国财务顾问协会总裁刘易斯·沃克曾接受一位记者的访问，访问内容是有关稳健投资计划的基础。访问进行到尾声的时候，记者问道："到底是什么因素使人无法成功？"沃克毫不犹豫地回答："没有目标，或者是模糊不清的目标。"确实，没有目标就是一个人无法成功的关键。聪明的人、有理想的人、有追求的人、有上进心的人，都会给自己设定一个明确的奋斗目标，而不会去茫然地唱着"敢问路在何方"。他们懂得自己工作是什么，为了什么，想要到什么地方去。或许他们的目标会有很多，长期的、近期的、一周的、一天的……但毫无疑问，他们都会给自己设定目标，不会在茫然无措中失去了宝贵的时间和机会。

有一个年轻人非常热爱电影，大学毕业那年，他忽然觉得，应该给自己设定一个目标，那就是成为世界上最优秀的编剧之一。有了目标，他不再觉得迷茫，每天都在朝着目标的方向奋进。以前有空的时候，他喜欢和朋友一起出去玩，现在他把这个习惯给改掉了，一有时间，他都尽可能多地阅读、写作。就连找工作，他也刻意朝着这个方向靠，报社记者、网站编辑、图书编辑……只要是可以提高自己文字水平的工作，他都愿意一试，哪怕薪水低些也无所谓。

让他没有想到的是，随着文字水平的提高，他的薪水居然也水涨船高。但是，他并没有被较高的薪水俘获，以致忘记了目标，他一直在努力着，每天始终坚持创作，哪怕空闲时间少得可怜，他也咬紧牙关坚持了下来。虽然很累。

终于，他利用闲暇时间写的剧本被一家电影公司看中，他高超的文字驾驭能力和丰富的想象力征服了电影公司一位著名导演。那位导演声称自己发现了一个编剧奇才。几年之后的某一天，在一次电影颁奖典礼上，这个年轻人和导演一同站在了领奖台上。他成功了！在高远目标的引导下，他实现了自己心中的梦想。

我们一定要记住：鲜花和荣誉永远都不会降临到那些没有目标的人头上。如果没有目标，那么无论做什么，我们就只能如同一只无头的苍蝇，到处乱撞，最后精疲力竭地倒在一边，看着别人走向成功。别人是谁？当然是就像这个年轻人一样的有目标的人。

虽然说有目标的人，不一定全都走向了成功。但是没有目标的人，却一定无法走向成功，这是一个铁的定律。当我们怀着羡慕、嫉妒的心情去观望那些事业有成的人之时，是否想过，他们是怎样一步步走向目标的？他们是怎样付出努力的？那么我们呢？我们也想付出努力，知道朝什么地方付出努力吗？不知道，那是因为我们还没有目标。所以，不要总是羡慕别人的强大，别人的成功，给自己设定目标，并且朝着目标的方向勇往直前，我们也可以像那些成功人士一样，取得骄人的成就。

不要再唱“敢问路在何方”，从现在起，我们要给自己设定目标，并且朝着目标大踏步前进。路在何方？路在我们眼前，在我们目标升起的地方。朝着目标，勇敢且快乐地前进，谁又能说，这不是内心强大的体现呢？

2.

好猎手眼中只有猎物

一个好猎手的眼中，只有猎物。为什么这么说呢？我们来分析一下，就很明了了。猎手是干什么的？当然是打猎的。那么，猎物就是他的目标。在打猎的过程中，他的一切行动以打到猎物为导向，换句话说，打到猎物，他就是好的猎手；打不到猎物，他就是差劲的猎手。要想做一个好猎手，打到猎物，他就必须把所有的注意力都集中在猎物身上，心里想的，眼里见的，都是猎物的影子，只有如此，他才可以做到弹无虚发，命中猎物。

所以，眼里是不是只有猎物，关乎能不能打到猎物，成为了判断一个猎手优劣的标准。同样的道理，眼里是不是只有目标，关乎能不能实现目标，也成为判断一个职场人士是否内心强大的标准。

有一位父亲带着三个孩子，到草原上猎杀羚羊。他们到了目的地，看到了一望无际的草原，也看到了成群的羚羊。他们隐藏在草丛里，等待着羚羊群慢慢靠近。父亲看着身边神情紧张的老大，问道："你看到了什么？"

老大回答："我看到了草原，羚羊，还有你们。对了，刚才那边还跑过去一只狮子，吓了我一跳。"

父亲摇摇头，又问了老二同样的问题。老二回答说："我看到的更多了，有草原、羚羊、狮子、老鹰，还看到了你们几个以及大家手里拿的猎枪。"

听了他的回答，父亲的脸沉了下来。他转过头，又问了老三同样的问题。老三死死地盯着前方，头也没回地对父亲说："我只看到了羚羊。"

父亲大感欣慰，开心地说："看来只有你真正学到了我的本领。"

这个故事值得我们深思，为什么父亲会说，只有老三学到了他的本领？因为老三的眼中只有猎物。为什么眼中只有猎物才算是学到了他的本领？因为眼中只看到猎物，猎手才能集中所有的精神，竭尽全力地打到猎物。倘若在打猎的同时，三心二意，看看老鹰，再看看狮子，然后再欣赏一下美丽的大草原，那么还能打到猎物吗？显然不能！老大和老二可能就是这一类人，他们没有明确的目标，所以无法集中起全部的精神，所以，他们在打猎时就不可能像老三一样出色。这就是老人说老三学到他真实本领的原因。

人生最忌漫无目标。没有目标当然不行，有了目标却总是模模糊糊也不行。我们今天给自己定了一个目标，觉得自己可以把工作完成，可是做着做着，游戏瘾来了。于是，我们玩起了游戏，把自己刚刚定下的目标扔到了一边，还美其名曰：劳逸结合。那么工作做不完怎么办？我们会安慰自己：反正这是自己定着玩的，做不完，明天接着做吧。这样行吗？当然不行！可能一开始并没有什么，但是时间一久，我们就会发现，我们永远也不知道自己想干什么。当然了，我们永远也无法实现自己的目标。因为目标不明确，我们缺少必须达到目标的勇气。

制定目标才能产生效果，但是目标还必须明确，如果连我们自己也觉得似是而非的话，那么设定目标只能是一纸空文。所以，我们在职场里拼搏，有目标是关键，有明确的目标是关键中的关键。给自己设定了明确的目标，我们的眼中就要只有目标，要集中精神，投入所有的力量，只为了实现目标。在很多时候，我们心中可能会有一个模糊的目标，但是因为没有明确，没有投入精力，没有努力奋斗，所以目标就成了一个永远遥不可及的梦。很多人觉得，是造化弄人，是上天不让自己实现目标。可是，关上天什么事呢？我们要想一想，在打猎的时候，我们的眼中真的是只有猎物吗？如果不是，这就是原因。

张勇在一个机关做公务员，他人很聪明，做事也很勤快，所以很得领导赏识。但是领导赏识归赏识，他的心里却总是很不痛快。原来，这是一个小机关，总共就那么几个人，领导赏识有什么用？还是得老老实实窝在这里，没有一点儿前途？尤其是，当他看到身边的人一个个都发起来的时候，心里更是想要抓狂。

"下海！"他在心里对自己吼道。抽空的时候，他开始做些小生意，想试试水的深浅。虽然是浅尝辄止，没能完全如愿，但毕竟多少挣了点。这样的小打小闹让他心里更加痒痒，想辞职正式下海吧，怕风险太大，弄不好会血本无归；但是留在这个小机关里，又确实不甘心。怎么办？他一边矛盾，一边痛苦，把自个熬得茶不思，饭不香。

机关工作舍不得，下海又怕担心风险，结果每天到单位里上班，他再没有了勤快劲儿，做事也不积极了。有一次，因为心不在焉地工作，他犯了一个很严重的错误，让领导大为恼火，对他的信任度也悄然下降。而他呢？还在徘徊，还有犹豫，没有明确方向。

海尔总裁张瑞敏说："把每一件简单的事做好就是不简单；把每一件平凡的事做好就是不平凡。"现在，我们需要再做一个补充，给自己设定一个明确的目标，才能把每一件简单而又平凡的事做到最好。因为有了明确的目标，我们就可以专心致志，投入全部精力。有困难吗？不怕，我们只看到了目标，忽略了困难。怕失败吗？不怕。我们只看到了目标，成功已经是我们的了，怎么会失败？

眼里只有目标，我们就能实现目标。这就如同打靶的时候，我们看哪儿？看前面，看靶心，那里才是我们要到达的地方。如果看偏了，不好意思，只能打偏。再看得偏一些，我们可能会连子弹飞哪儿都不知道。这是最可悲的事儿。所以，我们应该牢记这句话——好的猎手眼里只有猎物。

身在职场，想要成为一名出色的职场精英，我们也应该如此。眼里只盯准自己的目标，凝聚起全身的力量，不怕困难，不怕挫折，向前猛冲。如果这样的话，怎么可能不实现自己的目标？

3. 随时修正前进的道路

在职场的大海里航行，目标就是我们前进的灯塔。有了明确的目标，哪怕前方的风再狂，雨再大，我们也能不偏离航向，朝着期望的方向前进。可以说，目标带着耀眼的光芒，照亮了我们的行程。我们给自己设定了目标，就要义无反顾地走下去。

但是，在有些时候，我们却需要修正自己前进的道路。为什么？很简单，因为目标虽然确定了下来，可是怎么走，却会让我们大费脑筋。走直线吗？也许前方的海面上，布满了暗礁；拐个弯儿走吗？也许旁边有暗流，一不小心，我们有可能会被卷入暗流之中，离目标越来越远。

身在职场，环境总是在随时干扰着我们。很多时候，不知不觉中，在明明盯着目标的情况下，我们有可能还会偏离了航向，把自个带入波涛汹涌的暗流之中。这不仅会使我们冲向目标冲得更加辛苦，甚至还有可能，会让我们离目标越来越远。当一小心被暗流卷得越来越远的时候，我们可能会心灰意懒地认为：目标无法实现。这才是最可怕的，因为我们放弃了目标。

所以，当我们在职场里打拼的时候，一定要注意随时修正前方的道路。当我们发现自己偏离了航向的时候，不要着急，慢慢调整自己，让自己尽快回到正确的航线之上。我们要不断观察，不断修正，把错误的航向扔到一旁，沿着正确的航向，以最快、最省力的方式达到目标。这才是我们应有的做法。我们要想在职场中强大起来，设定远大目标是关键，修正道路是辅助，两者相辅相成，缺一不可。如果只记得设定目标而不记得修正道路的话，我们走弯路的几率将会大大提升。我们的内心强大，不在于经历了多少风浪，走了多少弯路，而是在于如何应对职场江湖的“险恶”环境。少走弯路，防患于未然，才是最出色的强大。

所以，在我们给自己设定了目标，朝着目标前进的时候，千万不要忘记，要随时修正前进的道路。

有个老渔夫中年得子，欢喜之余，加倍疼爱自己的儿子。他给自己定下了一个目标，要在自己五十岁之前给儿子挣下一条大船。为了实现这一目标，他辛辛苦苦地出海打鱼，不畏狂风巨浪，只想多打点鱼，多卖点钱。可奇怪的是，自从他定下这一目标之后，挣到的钱反而不如以前多了。这是怎么回事？

原来呀，渔民都很相信海神，他也不例外。所以每次出海前，他都会在海神面前给自己定一个小的目标：只捕值钱的鱼。他觉得，如果这样做的话，就可以用最快的速度攒到给儿子买船的钱。

有一次，出海之前，他打听到市场上墨鱼的价格最高，于是便在海神面前定下目标，只捕墨鱼，好好赚一笔钱。可是，海神却并没有让他如愿，他捕到的大多都是螃蟹。螃蟹的价格要比墨鱼便宜不少，他便觉得这不是自己的目标，于是就不捡网里的螃蟹，继续捕捞墨鱼。可是忙活了一天，他只捕到了很少的墨鱼，只好抱憾而归。有意思的是，上了岸他才知道，螃蟹涨价了，价格甚至比墨鱼还要贵上一些。在懊丧之余，他对着海神定下了自己的目标：下次只捞螃蟹。

第二次出海，他打定主意，只要螃蟹。但让他无法接受的是，这次捕到的却大多都是墨鱼。他认为现在墨鱼不如螃蟹贵，于是就不要墨鱼，只要螃蟹。当然，他又得到了和第一次一样的结果，什么钱也没有挣到。

他开始意识到自己的错误，于是不再去打听市场行情，再次给自己定下了一个目标：下次出海，螃蟹、墨鱼全都要。但是海神也再次跟他开了玩笑，在第三次出海时，他捕到的全是黄鱼。要不要？他犹豫了，但是想到自己的目标，他就毅然扔掉了黄鱼，开始认真而又执著地寻找螃蟹和墨鱼。再次空手而归后，他才发现，黄鱼的价格其实一点儿也不比墨鱼和螃蟹差。

就这样，因为无法及时修正自己的道路，他只能离目标越来越远。给儿子攒钱买条大船，似乎成了一个遥不可及的美梦。

这个可怜的老渔民，离自己挣钱给儿子买条大船的目标越来越远了。原因，只在于他无法随时修正前进的道路。他的起点是现在，终点是挣得足够买条大船的钱，而中间，则是要走的路。这条路要怎么走？他片面地以为，只有价格贵的鱼才能尽快帮助自己实现目标。想法是不错，但是他却不知道变通，不知道修正自己前进的道路，换个走法。所以，他自始至终很难挣到足够的钱。其实何必如此呢？既然目标是挣钱，偶尔捕到价格稍微“便宜”一些的鱼又有何妨？拿回去，卖了，不是离目标更近一步了吗？不知道随时修正前进的道路，只会使他离目标越来越远。

想想看我们有过这样的情形吗？当我们给自己设定了目标之后，是不是固执地、呆板地沿着那条“理想”的道路向前冲？是不是即便发现走了弯路，仍然不肯修正？如果是这样的话，那么我们就有可能会和这个老渔民一样，慢慢偏离自己的航向，甚至迷失在茫茫职场之中。一个内心强大的职场精英，首先会是一个聪明人，他明白“条条大道通罗马”的道理。他知道，只要认准了目标是“罗马”，在前进的途中如果遇到高山阻隔，那就变通一下，想办法绕过高山。只要目标不曾改变，只要信心不曾动摇，实现目标终究不是难事。

尤其是，当前进的道路根本是错误的时候，我们更应该及时修正，否则的话，就有可能闹出“南辕北辙”的笑话。

或许我们只顾着前进，忘记检查自己的道路是否正确。那么，给点时间，好好审视一下自己要走的道路吧。不要走错了而不自知，也不要明知走错却不愿修正，一个内心强大的人，会把正确的道路看得比什么都重要。因为他知道，只有向着目标，走正确的道路，才有可能到达目标，实现成功。

我们是内心强大的人，所以无论在任何时候，都不要忘记了修正自己前进的道路。

4. 坚持让自己每天都离目标更近一些

战国末期，哲人荀子在《劝学篇》中留下了“不积跬步，无以至千里；不积小流，无以成江海”的警世格言。其意思是说，如果不积累一步半步的行程，那么就很难到达千里之远；如果不积累细小的流水，那么就很难汇成江河大海。荀子想告诉我们一个道理——脚踏实地，从小事做起，一步一个脚印，才能实现目标。

天下无捷径，唯有肯攀登。假如我们的目标是山巅，那么只要认准了这个目标，努力向山上攀去，每走一步，我们自然就会离目标更近一些。只要肯坚持下去，相信无论山有多高，都会有被我们踩在脚下的一天。

每天进步一点点，距离目标近一点。或许现在我们离自己设定的目标还很遥远，但只要每天都努力使自己进步一点，那么总有一天，我们会实现目标。可以说，坚持让自己每天都离目标更近一些，是我们通向成功的必由之路。没有谁可以一蹴而就，马上实现目标，既然是目标，离现实就一定会有距离，这就得我们一步一步，踏踏实实地走过去。当然，坚持让自己每天都离目标更近一些，还需要有坚强的意志和足够的耐性，当我们咬紧牙关，坚持让自己每天都进步时，成功就会变得越来越近。

谁说不是呢？只要肯前进，那么现实和目标之间的距离，终会慢慢缩短。

曾经有一个名不见经传的日本人，在一九八四年的东京国际马拉松邀请赛中夺得冠军，压倒了所有实力强悍的对手。他的完美表现，震惊了所有人，引起了人们的好奇和兴趣：他为什么可以从一个默默无闻的小人物，一跃而成为马拉松冠军？

带着这个疑问，记者采访了他。

他没有说出什么原因，只是微笑着告诉记者，自己是凭智慧战胜了对手。很多人不解：冠军也可以凭借智慧赢得吗？如果是这样，那运动员还疯狂锻炼身体，拼命掌握技巧做什么？人们愈发想知道答案。直到十年以后，他"凭借智慧赢得比赛"的秘密才在自己的自传里为世人所知。

原来，在比赛之前，他考察了赛事的全部路线，并把四十多公里的赛程分解成了若干段，并且找好了标志。他的方法很特别，沿途找到了很多标志，比如，第一个标志是棵大树，第二个标志是座红房子，第三个标志那座最高的建筑……他把这些标志都记在了脑子里，然后才开始自己的比赛。

在比赛中，他向着第一段的目标飞速冲去，成功到达之后，又开始向着第二段的目标冲刺，又顺利到达……别人的赛程是一条四十多公里长的漫长跑道，目标是终点的那面红旗，而他的赛程却是眼前的这一小段距离，目标是这一小段距前面的那个标志。对他来说，能够快速到达自己眼前的这一目标，就是胜利。他只看到了眼前的这个标志，并告诉自己要在所有的选手之前到达目标。

他知道，只要在每一小段赛程里都跑第一，那么就一定可以取得最后的胜利。这，就是他取得最终胜利的智慧。

或许很多人会觉得不解，认为这算是什么智慧呀，在每一小段赛中取胜，自然而然会在整个比赛中取得胜利，这是谁都知道的道理。可是，他们却没有考虑到，目标对一个人有多么重要的激励作用。四十多公里的马拉松赛程，终点是多么遥远，很多人一眼望不到终点，不知道终点在什么地方，就会气馁、懈怠，甚至是害怕。当他们被这些负面情绪包围的时候,就会不期然放慢了脚步。但是如果眼前清清楚楚地看到目标了呢?触手可及的目标,会燃起他们汹涌的激情,激起他们无畏的斗志,向前冲很快就可以到达目标。所以,这位马拉松冠军的确具有非凡的智慧,他点燃了自己冲向"目标"的激情。

在每一小段赛程里都赢得胜利,就一定会赢得最后的胜利。再仔细想一想,我们每天都坚持向着目标前进,就算只前进很小一步,是不是也是一种胜利?当然是!其实在很多时候,我们不由自主地也把现在和目标之间的道路划分了若干小段。每天走上一小段,只要可以坚持走下去,那么我们就取得了这一小段的胜利。坚持下去,我们就会赢得最终的胜利。

在纽约,有一家公司被另外一家法国公司兼并了。消息传来,人心动荡,很多人都在考虑:会不会裁员?果然,在兼并合同签订一周后,公司新总裁当众宣布:"很遗憾地告诉各位,公司可能要有一次裁员。当然,我们不愿意裁员,但是如果你的法语太差,无法和其他同事很好地交流的话,那么我们不得不请你离开。好了,各位还有一周的准备时候,这个周末,我们将进行一次法语考试。只有考试成绩及格的人才能继续在这里工作,希望大家能够理解。"

散会后,几乎所有的人都涌向了图书馆。他们知道,必须在这几天内恶补一通法语了,这关乎工作和前程。但让大家惊奇的是,有一位员工却没有像别人一样跑到图书馆补习法语,他还是如平常一样,下了班直接回家了。大家一阵唏嘘:这个可怜的人,看来已经打算放弃这份工作了。

那位员工真的放弃这份工作了吗?当考试结果出来以后,所有人都大吃一惊,那个大家眼中最没有希望的人,却考了最高的分数。惊奇之余,有不少好事者旁敲侧击,终于了解到事情的真相。

原来,从进入公司的第一天起,这位员工就认识到了自己的许多不足之处。他发现公司里人才济济,而自己却没有什么长处，尤其在知识和能力上也略显欠缺。意识到这些之后，他就开始有意识地开始了自身能力的储备工作。虽然工作非常繁忙，虽然有时候会很累，但他坚持了下来，坚持着每天提升一点点。在工作中，他发现公司有很多法国客户，但自己却不会法语，这就造成了交流困难。法语知识欠缺造成的结果是，自己每次和法国客户的往来邮件以及合同文本，都要请公司的翻译帮忙。如果恰好碰到翻译忙的时候，自己就要被迫停工。所以，他给自己定下了一个目标，尽快学会法语。

当别的同事休假或者外出旅游的时候，他在学习法语；当别的同事下班看电影放松心情的时候，他也在学习法语。自从开始学习法语之后，他从来不让自己有所间断，他对自己说：坚持每天进步一点，就会离目标更近一点，学会法语很容易。

真的很容易，他轻松地学会了法语。

老子在《道德经》中说："合抱之木，生于毫末，九层之台，起于累土，千里之行，始于足下。"这些古老的中国经典文化说明了一个很通俗的道理：量变积累到一定程度，就会发生质变。坚持让自己每天都离目标更近一些，积累到一定程度，就能到达目标，赢得成功。

远大的目标会让我们走得更远，但是无论什么时候，请都不要忘记了脚下。不要幻想在设定远大的目标之后，我们马上可以脱胎换骨，成为一名卓越的员工，在职场上取得傲人的成绩。我们需要做的是，以奋进的姿态，每天进步一点点，每天离目标更近一点点，坚持下去。只有如此，我们才能从平凡走向卓越。

想成为一名内心强大，事业有成的职场精英，要一步一步来。

5. 有目标，工作才会有激情

激情，是一种饱满的精神状态，是一种积极的工作态度。激情可以使我们释放出潜在的巨大能量，迸发出一种坚定的执著，激发出创造的活力；激情能够感染周围的朋友和同事，形成激情奋进的群体。可以说，工作有激情，我们才能够在职场江湖里攻城略地，所向披靡。

反过来，工作中如果没有激情，则是可怕的。当我们不再有职场拼搏的兴奋，当我们再也提不起加班的热情，当我们再也感觉不到工作是一种快乐的时候，我们已经对工作没有激情了。没有激情的工作会如一潭死水，时间越长，水质变化越快，到最后就会变成“污水”。如此，我们又怎么敢奢望可以事业有成？如果我们现在还没有激情的话，那么赶紧想办法调起自己的激情，工作需要有激情。

那么，怎样才能调起自己的工作激情？或者，我们现在已经有了激情，要怎样才能保持下去？目标，目标是关键。要想调动自己的工作激情并保持自己的工作激情，我们需要给自己设定目标。实现一个，就再定一个，只有盯着目标，我们才能一步一步走下去；只有渴望着目标的实现，我们才会充实而有热情。有人说，在路上的感觉最美妙，确实如此。当我们有了目标，向着目标奋进的时候，其实正是在前进的路上奔跑。前面是近在咫尺的目标，脚下是坎坷的道路，我们在向困难挑战，也在享受着离成功越来越近的欢乐，这难道不是一种美妙的享受吗？当然是！在这种美妙的享受中，我们激情迸发，活力四射。

当然，当我们历尽千辛万苦，实现一个目标之后，那种喜悦会让我们身心愉悦。于是，在向下一个目标前进的时候，我们会更有激情，更为活力。这实在是一个良性循环。有目标，我们工作才会有激情；有激情，我们工作才能完成得更漂亮。在职场中，我们要想成为一个内心强大的成功者，就一定不要忽略工作的激情。设定好目标，带着激情工作，我们将会成为职场里的强者。

1995年，她大学毕业，被分配到杭州一家大型国有企业当会计。在那个年代，这是一份让人羡慕的工作，工作稳定，收入不错，还能拿到让人羡慕的杭州城市户口。只是，一年之后，她这份让人羡慕的铁饭碗就被自己给“打破”了。因为，她辞职了。在那里工作，她没有目标，没有方向，更忍受不了周围死气沉沉的氛围，所以选择了离开。

离开做什么呢？她又陷入了迷茫之中。为了生活，她很快又在一家私人服装企业找到了一份工作。她很勤奋，又肯吃苦耐劳，所以很快就在这家企业里站住了脚。只用了不到三年时间，她就从小职员做到了总经理助理。可是，她还是不满足，因为这个时候，她已经知道自己想要什么了。她想要做自己的事业，这是她人生中最重要的一个目标。

有了这个目标，她开始忙了起来，利用工作之余，她去了夜校学习服装设计。每天上班，下班之后去学校学习，这样的生活流程使她很疲惫。但是，想着自己的目标，她又充满了激情，充满了斗志。

1998年，她再次辞职，决定向自己的目标进军。这个时候，她已经掌握了丰富的服装设计知识。两个月之后，她的依可服饰公司正式注册成立。她知道自己想要什么，所以激情四射，跑市场、进原料、搞加工、出设计，她一人多面，独自给拿了下来。一个女人，同时做这么多事情，辛苦可想而知。可是，她的心里有火一样的激情，再苦再累都没当回事儿，她的强大让很多男人都无法想象。

自然而然，她的公司越办越顺。到了2004年，公司已经形成了不小的规模，开出了好几家连锁店。目标实现了？梦想成真了？是的！从某种意义上来说，她当初的目标，当年的梦想，已经实现了。可是实现了目标之后,又该做什么?

她又给自己设定了一个目标。有一次,当她打算徒步去户外走走,散散心,整理东西的时候,忽然发现了一条自己结婚时妈妈织的娘家被,她灵机一动,做手织布服饰。她兴奋地告诉妈妈自己的想法,希望妈妈能支持自己。

出乎意料的是,一向支持自己的妈妈这次并不赞同她的想法。妈妈说:"现在的城里人哪会喜欢那么土的东西?这生意肯定不好做!"不仅是妈妈,周围的亲朋好友也没有一个人支持她的做法,可是她却不为所动,顶着压力坚持了下去。她认准了自己的这一目标,浑身上下充满了奋斗的激情。她相信,自己一定可以实现这个目标的。

带着激情,带着梦想,她开始了行动。

她背着自己那个大大的登山包,回到了磐安老家。在老家农村,她用登山包背出了十来卷土布。后来她回忆说:"印象太深刻了,那是一个下雪天,我两只脚被冻得没有知觉了,最后是摩托车把我拉出来的。"可是即便是这样,她实现目标的热情也没有减退一分。她用自己无与伦比的激情,感染着身边的每一个人,使他们慢慢向自己靠拢。

2005 年 1 月,郑氏(小巷三寻)手织布服饰公司成立了。万里长征,这只是开始的第一步,困难接踵而来。她带着工人们克服重重困难,做出了第一批手织布服饰。衣服做出来了,可是在什么地方卖呢?很多人和当初妈妈的想法一样,觉得这衣服太土,不好销售。没办法,她只好一个商场一个商场自己找。最后,当杭州元华商厦的经理答应给她一个二十几平方米的柜台时,她忍不住哭了。太难!

但是再难,目标在,激情在,希望也在!

她的柜台打算在儿童节那天正式开张。为了做足准备工作,她硬是在办公室里睡了两个月,没日没夜地工作,人瘦了一大圈。开张前夕,当所有工作都快完成时,她终于撑不住,病倒了。这场病来势汹汹，让她在床上躺了两天，好好“休息”了一番。但是有目标，有激情，她并不觉得辛苦。

刚开始的时候，生意并不乐观，一个月只有三四千元的销售额。除去各种各样的开支，每个月还得往里搭不少钱。亲朋好友见状，更认定这个生意没法做，都拼命劝她还是做女装生意，把这个生意停了。但是她没有，再一次顶住了压力，坚持了下来。她对自己要做的事充满了激情，相信自己一定会成功。在她火热的激情、坚强勇气的带动下，生意真的慢慢好了起来。三个月后，销量慢慢上去了，而且一直稳步上升。而且势头汹涌，一发不可收拾，生意越来越好。

如今，她的公司规模越来越大，生意越来越好。她又一次成功了。她叫郑芬兰，“小巷三寻”品牌执行总监，一个普通的中国女人。

沃尔曼曾经说过一段话：“青春不是人生某一时期的标志，它是指人应有的心理状态；人不是因为岁月的流逝而衰老，当理想之火泯灭的时候，人生的‘暮年’就开始了。”郑芬兰从来没有让自己处于人生“暮年”阶段，而是用自己那充满希望的目标，展开了一次又一次的奋斗。她成功了，成在自己的“理想”里，成在自己的激情前，她用理想之火点燃了激情，照亮了自己的人生路。

有了目标，工作的压力，工作的单调都无法改变我们对理想的憧憬。也许工作中困难会有很多，但目标会带来激情，带来一种充实的感觉，和一种进取的心态。当站在低处，向着目标前进的时候，我们就会豪情万丈，指点江山，我们就会以冲天的豪情向目标，向理想做全力的冲刺。当然，这个时候，我们也是快乐的。目标带给我们激情，拼搏给了我们勇气，在激情与勇气共存的拼搏路上，我们又怎能不强大？

人生就像车轮，只有在箭一样向前飞驰中，我们才能找到激情。一旦停下来，我们就会成为零，我们的平淡和无聊、懒惰和消极、枯燥和厌烦会把自己的激情、勇气、意志全都置于“零”的状态。在这种状态下，我们只能是职场里的失败者,什么事也无法做好。

比尔·盖茨有句名言是:“每天早晨醒来,一想到所从事的工作和所开发的技术将会给人类生活带来的巨大影响和变化,我就会无比兴奋和激动。”他的目标,给他带来了激情。那么我们呢?有没有盯着前方的目标,用火一样的激情燃烧自己的全部力量?只有在激情的燃烧下,我们才能变得更加强大,才能战胜无可预知的职场挑战。

6. 目标远大,才能内心强大

英国十九世纪著名散文随笔作家塞·斯迈尔斯说:“人若有志,万事可为。”“志”是什么?毫无疑问,“志”就是我们前进的勇气和毅力。身在职场,我们需要先有一个目标,然后才能用“志气”一步步地去实现,去完成。目标是我们做好工作,取得成就的关键,而远大的目标,则是我们迈向人生成功的第一要素。

一九五八年,中国大地刮起了一阵“浮夸风”,提出了一个口号“人有多大胆,地有多大产”。这是什么意思呢?意思是敢想多少,地里就能生产出多少粮食。这当然是浮夸,不切实际地浮夸,如果尽想些离谱的产量,那么地里能生产出来吗?肯定不能!但是,从另一个方面看,我们却能从这句话里读出深一层的意思。它其实也道出了一个事实:远大的目标,能带来更大的成功。当然,这个远大的目标要切合实际。

确实如此,在职场里,当我们树立了远大的目标时,就会奋不顾身地勇往直前,向着那个目标跋山涉水,不畏艰难。我们总会在极其困难的情形下,一点一点接近那个目标,终于靠近目标时,我们才会发现,原来自己真的成功了。当然了,设定远大的目标,那也就代表着我们将要走过更多艰难的道路。但是人生就是这样，不经历风雨，又怎能见到彩虹？远大的目标能让我们在风雨之中不气馁，不止步，不回头，奋力拼搏。看，那是我们的目标，就在前面，我们又怎么可以不继续前进？于是，带着火热的激情，我们继续奔向目标。

盖一间小屋子，需要用少量的石子和水泥，那么盖一栋大厦，就需要用大量的石子和水泥。所以远大的目标，总会促使我们投入更多的激情和力量。我们的内心必须足够坚强，才能承受得起大厦的万吨重量，所以远大的目标，也总会让我们的内心更加强大。不过，付出总有回报，当我们终有一天实现了自己的远大目标时，就会发现，我们已经实现了人生最美丽的梦想。

有一年，一群意气风发的天之骄子从美国哈佛大学毕业了，他们即将拉开人生中最奇妙的旅行，去穿越各自的玉米地。他们都是上帝的宠儿，在智力、学历、环境条件上相差无几，等待着他们的，将是许多大展拳脚的机会。

临出校门前，学校对他们进行了一次关于人生目标的调查，其结果是这样的：

百分之二十七的人没有目标；

百分之六十的人目标模糊；

百分之十的人有清晰但比较短期的目标；

百分之三的人有清晰而长远的目标。

他们以走出哈佛大学为起点，各自走进了自己的玉米地。二十五年之后，学校对这群学生又进行了一次跟踪调查，得出了这样的结果：

百分之三的人有清晰而远大的目标。二十五年间，他们朝着一个方向不懈地努力，付出了自己的全部热情和力量。所以，他们几乎都成为社会各界的成功人士，其中不乏行业领袖以及社会精英。他们成为了真正的天之骄子。

百分之十的人，他们的短期目标不断实现，所以也取得了不小的成功。他们成为各个领域中的专业人士,大多数都生活在社会的中上层。

百分之六十的人目标模糊。他们安稳地生活与工作,不突出,不落魄,没有特别好的成绩,但也衣食无忧。他们大多都生活在社会的中下层。

百分之二十七的人一直没有生活目标,所以过得很不如意。他们总是在为生计奔波,可是到头来却还是一无所获。于是,他们开始抱怨他人、抱怨社会、抱怨命运,因为他们觉得,是命运不肯给自己机会。

怎么会有这么大的差别?其实很简单,在二十五年前,他们中的一些人已经知道了自己的目标,为自己设定了今后要走的人生方向。而有些人,却一直不知道,或者很模糊,所以,他们总是得过且过,不知道自己要到哪里去,要怎么走。

一切的不同,只源于没有远大的目标。

设定远大的目标很重要。当我们在人生长河中扬帆远航的时候,有没有忘记给自己设定一个远大的目标?远大的目标是我们的精神支柱和动力源泉,它可以不断激发我们的生命活力,使我们永葆内在的青春。倘若没有远大的目标,或者是目标模糊,我们就会失去前进的信心,如同没有灵魂的行尸走肉一样,只会浑浑噩噩、碌碌无为地在职场江湖中漂泊。上面故事中的数字,为我们的职场生活敲响了警钟:要设定远大的目标。

目标远大,我们才能内心强大。为了实现远大的目标,我们必须多多补充“能量”,才能跋山涉水。我们要记得,拥有远大的目标,也就拥有了奋勇向前的雄心壮志,山河也会向我们低头;拥有远大的目标,也就拥有了拼搏的欲望,那将是一股强大的力量,使我们无坚不摧。不要害怕梦想遥不可及,给自己设定一个远大的目标,然后再义无反顾地向前猛冲,我们就会有实现目标的可能。

身在职场,我们总是要面对激烈的竞争,我们要想使自己强大起来,战胜一切未知的对手,就必须要给自己设定一个远大的目标。千万不要说自己不行，当有了远大目标时，我们已经热血沸腾，充满了战斗的欲望，又怎么可能不行？

当然行！目标远大，会使我们的内心无比强大！只要愿意，我们就能实现自己的远大目标。如果现在我们还没有给自己设定一个远大的目标，那就赶快给为自己设定吧！找准方向，前进！

第四章
树立自信，强大的自信可以打败一切怯懦

自信，是人的一生中，成就大事必不可少的品质之一。美国哲人克劳蒂娅曾说过："自信对一个人一生的发展所起的作用，无论在智力上，还是在体力上，或是在处世能力上，都有着基石性的作用，一个人缺乏自信心，便缺乏在各种能力发展上的主动积极性。"自信对于人生的作用，重要如斯。那么在职场上，自信又发挥着什么样的作用？一句话，自信可使我们从低处走向高处，从高处走向更高处。在风波险恶的职场江湖里，倘若我们缺乏自信，就一定要小心了，那说明我们的内心不够强大，还处在被淘汰的边缘。

1. 学会让自己拥有自信

我们拥有自信吗？在职场里闯荡的时候，我们需要找个时间，悄悄问一下自己：我们有自信吗？其实我们不必觉得这个问题很难回答，看一下自己身后，答案就已经一目了然。倘若我们到现在为止，还是事业无成，内心彷徨无依，从内到外，一无所获的话，那么我们就是一个缺乏自信的人；倘如我们笑容满面，不仅收获颇丰，而且还在抬头展望未来的话，那么我们就是一个充满自信的人。一个人有没有自信，对其人生影响重大。

自信就像是黑暗中的一把火，能够最大限度地点燃每一个人身体里蕴藏着的能量，使之爆发出前所未有的力量，冲向成功。所以无论任何时候，无论做什么工作，我们都要拥有自信。千万不要说找不到自信，自信就藏在我们心里，我们要学会拿出自信，让自己一直沐浴在奋斗的阳光里。只有如此，我们才能无所畏惧地在职场江湖中奋勇前行。

现在，你拥有自信吗？如果还没有，那就一定要学会拥有自信。

有位哲人说过："一个人，从充满自信的那刻起，上帝就会伸出无形的手帮助他。"这个世界有上帝吗？别说我们是无神论者，不相信有上帝的存在。这个世界上有上帝，而且就在我们心中，上帝就是我们的自信心。自信不仅是一种美妙的生活态度，更是一股火热的力量，只要我们拥有了自信，那么前面的路就会豁然开朗，变得轻松容易起来。就好像上帝在暗中帮助我们，让我们更快地走向成功一样。所以，每个人心中都有一个万能的上帝，那就是自信；所以无论如何，我们一定要努力建立自信。

那么，怎样才能拥有自信呢？

要想知道怎样才能拥有自信，我们需要知道没有自信的根源。我们可能会因为怀疑自己的能力而没有自信；可能会因为自卑而没有自信；可能会因为失败的打击而没有自信；还有可能，是因为天生怯懦而没有自信。还有很多诸如此类的原因，总而言之，没有自信是一种消极的心理，是一种不相信自己的人生态度，是一种内心软弱的表现。如果我们想拥有自信，就要学会让自己的内心强大起来，战胜这些消极的心理。没有能力吗？没关系，我们可以学，只要努力，就一定学得会！自卑吗？没有关系，我们可以告诉自己，所有人都一样，没有谁比谁更差！受打击了吗？也没有关系，我们还可以告诉自己，下次一定行！天生怯懦吗？那就更小儿科了，从现在起，把怯懦扔在一边，拿回自信！

我们一定要记得，没有自信，是因为我们的内心还不够强大。战胜自己，让内心从此强大起来，我们就可以拥有自信。要相信自己，一定可以！

他是一位意志消沉的年轻人，看起来很是憔悴，没有一丁点儿自信。他曾经自己创业，把一家小公司经营得风生水起。但是很不幸，在一次决策失误后，他的公司破产了。失败的阴影在他的心里生了根，发了芽，总也挥之不去。他觉得自己再也无法在亲朋好友面前抬起头来，因为自己是一个可怜的失败者。现在，他对生活失去了希望，对自己没有了信心，他不知道自己还能做什么。于是，他找到了拿破仑·希尔，请求他帮助。

坐在拿破仑·希尔面前，他滔滔不绝地讲起了自己的痛苦。他希望对方能给自己提出一些好的建议，使自己可以渡过难关。

拿破仑·希尔静静地听着，一言不发。他既没有提出什么建议帮助年轻人，也没有好言相劝以示安慰。等年轻人讲完以后，他只是带着对方来到了一块厚厚的窗帘面前，一字一顿地说道："我想，我可能无法使你走出困境，也无法给你提供什么帮助。这个世界上唯一能帮助你的人，就在这窗帘的后面。"

迷惑的神情出现在年轻人的脸上，他将信将疑，颤抖着拉开了窗帘。突然，他呆住了，因为他看到了自己。没错，是自己！

他看到了站在对面的自己，满脸的疲惫。窗帘后是一面巨大的镜子，而自己的影子，正在镜子中望着自己。镜子中的自己，精神萎靡，满脸胡渣，像一只斗败了的公鸡。

这是自己吗？他伸手摸了摸自己的脸，那坚硬的胡渣在手掌的摩挲下沙沙轻响。他就这么认真地看着自己，足足有五分钟之久。拿破仑·希尔就静静地站在他的旁边，微笑地看着他。

终于，年轻人转过头来，向拿破仑·希尔鞠了一个躬，道声谢后悄然离开。

时间倏然而过，一年之后，一位容光焕发，精神抖擞的年轻人来到了拿破仑·希尔面前。他微笑着对拿破仑·希尔说："尊敬的先生，您还记得我吗？还记得一年之前，那个请求您帮助的可怜人？"

"当然记得！"拿破仑·希尔微笑着说，"我记得曾经有一个年轻人来请求我的帮助，想让我帮他走出困境。可是，我能帮助他什么呢？他什么也不缺，只是失去了一种叫做'自信'的东西。自信只能自己找回，所以，我带他到了一面镜子面前，让他自己寻找丢失的自信。他很聪明，真的找到了自信，找回了人生。"

"是的，我找到了自信，也找到了人生。"年轻人抓住拿破仑·希尔的手，激动地说道："先生，真的很感谢您！那个时候，我破产了，走进了人生的低谷。我以为我的人生已经完了，梦想再也无法实现。我不相信自己，认定了机会已经错过，自己再也没有东山再起的能力。可是，在那面镜子面前，我才发现，只要有心，就一定可以！所以我拿回了自信！现在，我已经有了一份相当不错的工作，有着不菲的收入。我相信，用不了多久，我还会拥有自己的事业，而且比以前更好！"

萧伯纳曾经说过："有信心的人，可以化渺小为伟大，化平庸为神奇。"自信的力量就是这么无与伦比。就像那个年轻人一样，当失去自信的时候，天地与己同悲，似乎失败已经成为命中注定的事情；当拥有自信的时候，万物焕发生机，似乎一切都是生机盎然。事实上，确是如此，当我们失去自信的时候，便失去了前进的动力。火车没有动力，将无法前行；火箭没有动力，将无法升空。所以当失去自信的时候，成功注定将会离我们远去。就算我们勉强前进，那也必定会畏畏缩缩，难以到达终点。如此的路，我们愿意走吗？

没有人愿意走，所以我们必须要学会拥有自信。当拥有自信的时候，我们就会在思想上变得乐观豁达，在态度上变得积极向上，我们会相信自己一定可以实现目标。这样想的时候，我们就会充满斗志，充满力量，变得无所不能，直至实现目标和梦想。

在工作中，我们需要拥有自信，因为自信可以激发生命的力量，这种力量如火，可以焚烧困难，照亮智慧。拥有了自信，我们就可以在职场中尽情遨游。

自信其实正是一种内心的强大，是一种相信自己一定行的强大力量。这种力量，会为我们的成功，插上展翅高飞的翅膀。

2. 相信自己，我能行

“人必须相信自己，这是成功的秘诀。”二十世纪著名喜剧大师卓别林曾经这样说过。不要看轻了这句话的分量，相信自己，我们做到了吗？在很多时候，我们做不到，所以我们错过了成功。

马戏团里有一头强壮的大象，这头大象的腿像柱子一样粗，而且力大无穷，轻轻松松地就可以用鼻子卷起一根沉重的木头。但是奇怪的是，每次表演完后，驯象人都只用一根细细的铁链绑在大象腿上，将铁链的另一头拴在一个小木桩上，然后扬长而去。他们似乎一点也不担心，不担心大象挣脱铁链跑掉。

很多人都觉得奇怪，大象为什么不跑呢？以它的力量，完全可以轻而易举挣脱铁链或者是用鼻子卷起木桩。逃进森林对它来说，似乎只是小事一桩。可是大象却并不逃跑，每次被拴在木桩上后，它就会乖乖地站在那里，等待下一次的表演。是什么样的原因，使得大象这样呢？这需要从驯象人训练大象开始。

原来，当大象还是小象的时候，它也不甘心被铁链拴住了自由。它被驯象人用铁链拴在木桩上后，就会拼命挣扎，试图挣脱铁链。但那个时候，它的个头小，力气也有限，怎么挣扎也无法摆脱铁链的束缚。结果是，每次努力过后，它的脚会被铁链磨得疼痛，甚至流血。在挣扎与疼痛中，它的自信被渐渐消磨，直至没有。

慢慢地，小象长大了，有了足够大的力气。可是，这个时候，它已经没有一点自信了。它不相信自己可以挣脱铁链的束缚，也不相信自己可以卷起那个拴住自己的木桩。它甚至没有勇气试一试。它心里只有一个声音：我不行！

所以，它只能永远被一根细细的铁链，拴在一个小小的木桩之上。

这似乎是一个可悲的故事，但是故事中的主角，却有可能就是我们自己。想想看，我们有没有说过诸如此类的话："我不行！""我做不到！"这些声音有没有出现在我们心底？我们有没有这样对自己说过？如果有，那么我们就和那头大象一样，没有了自信，我们的人生就会被拴在一根小小的"木桩"之上，永远无法挣脱。或许会有挣脱的机会，那是在我们找回自信之后。

诗人歌德曾经说过："只要你相信自己，你就会懂得如何生活。"在职场中，只要我们相信自己，我们就会懂得如何工作。一个懂得如何工作的人，势必将会在竞争激烈的职场江湖中展翅高飞。工作中遇到了困难，带着自信，我们微笑着冲上去，困难必定会冰消瓦解；没有同事的业绩好，带着微笑，我们起身追赶，下一次必定会超越同事。只要有自信，只要相信自己，相信自己一定可以，那么任何困难都会被我们踩在脚下。

当被自信包裹时，我们会看淡路途上的任何挫折，我们会大声告诉自己：我能行！当然能行！自信让我们的内心强大，让我们的力量增强，让我们开始提速，开始奔跑，想要实现什么目标不行？在自信的带领下，我们就是职场江湖里的雄鹰，可以飞到任何想去的地方。只要我们愿意，就一定可以！

"我能行吗？"

他站在台上，头顶是光照强烈的聚光灯，脚底是倒影分明的木地板，前面是一排排学术专家，专家后面是一排排工作人员。紧张的心情压得他喘不过气来，他只能一遍又一遍地问自己，"我能行吗？"

来参赛之前，他已经背好了演讲稿。可是，当看到台下无数双眼睛望向自己的时候，他些许的自信开始消散。他忽然觉得，自己来参赛本来就是个错误，自己年龄最小，论文肯定不够成熟，怎么能打败那些经验丰富的选手。

没有自信，他现在连问自己"能行吗"的勇气也消失了，只想快些进行完毕，然后回到家里好好睡一觉。他感觉专家们看向自己的眼光很奇怪，像是带着嘲笑的冷风，刮得自己瑟瑟发抖。他还觉得，整个时空静止了，他甚至能听到自己的脉搏，以及每一根神经跳动的声音。还没有正式开始回答专家的问题，他就觉得自己已经失败了。

"请问这个问题如果用你所说的，时间作为变量，就无法解答了吗？"一位专家打破了沉静，向他提出了问题。

他艰难地吞咽了一口唾沫，尽量开动自己的脑筋，思索这个问题的答案。"如果用时间……用时间做变量……的话，那就不能使用二次方和解答……"一个他早就烂熟于心的问题，他居然磕磕绊绊地说了两分钟，才向专家表述清楚。回答完之后，专家还没有什么反应，他的心跳却开始加速了。“该死，这么一个小问题，就回答成这样！肯定是砸了！”

出乎他的意料之外，专家居然看起来对这个“磕磕绊绊”的回答很满意，有几位一直面无表情的专家，脸上居然也绽放出了笑容。他的心里一动，似乎听到了一个声音在说：“看来，这一点也不难！我一定可以！”这个声音越来越大，他觉得自己的自信在慢慢回归。他对自己说：“我能行，不是吗？即使有些结巴，即使有些口齿不清，但我的知识，不比任何人少，只要回答得正确，就一定可以赢得比赛！我一定行！”

接下来，他的比赛顺利得出人意料。一些偏僻生冷的问题到了他面前，都被他迎刃而解。他挺起胸膛，面带微笑，认真而又思路清晰地回答着每一个问题。他的精彩回答，赢得了热烈的掌声。自然，他也赢得了比赛。

是不是似曾相识？我们有过这样的经历吗？这是一个人，从没有自信到拥有自信的短暂过程。自信一直在我们心中，只要相信自己，认可自己，可以对自己做一个客观、公正的评判，我们就可以一改懦弱的心理，让自己的内心强大起来。“相信自己，我能行！”并非只是一种盲目的心理安慰，它是一种激人奋进的力量。我们需要用这种力量来跨越自己的人生。

历史上无数的名人故事都告诉我们：相信自己，就能无所不能。爱迪生相信自己，在被老师看作差生、在被试验打败之后，依然相信自己一定能行。结果，他真的实现了梦想，发现了钨丝。居里夫人是怎么发现镭元素的？很简单，她用勤奋，加上自信，才成就了一个奇迹。当失败的时候，她也曾告诉自己，一定能行！

很多时候，当没有自信时，我们很容易就会放弃继续努力，放弃来到手边的机会。只有学会适时给自己一个自信的鼓励，使自己得到一个被承认的满足，我们就能焕发出充满活力的生机，带着梦想前进。

相信自己，我能行！谁说我们不行？拿出自信，拿出实力，我们可以！

3.

用自信唤起沉睡的潜能

每个人的心中都有一个巨人。在大多数时候，这个巨人是沉睡着的，但是一旦它醒了过来，却必定会爆发出巨大的力量。这个沉睡在我们体内的巨人，就是潜能。如果我们可以唤醒并利用这种巨大的力量，就可以成就我们所向往的一切东西，包括梦想。

不错，潜能是我们身体里的一座"宝库"，如果可以发掘出"宝库"里的财富，我们就会从平凡走向不平凡，从弱小走向强大，从平庸走向成功，成就伟大、神奇的事业。所以，身在职场，身在这个竞争激烈的职场江湖，我们需要用这笔"财富"来增强自身的实力，以提高自己的战斗力。

所以，我们需要唤醒自己体内沉睡的潜能。

世界上有无数平凡的人，他们体内同样有着巨大的潜能。他们之所以还是"平凡人"，就在于不知如何唤醒自己体内沉睡着的潜能。职场江湖是一个竞争激烈的地方，优胜劣汰，适者生存，如果一直无法强大起来，我们就有可能会被淘汰，会被踢出局外。我们也是平凡人中的一员，也总是害怕会被踢出局外，所以我们要让自己强大起来。而我们体内那座能量巨大的"宝库"，正是需要开启的地方。一旦唤醒了自己体内的潜能，我们的力量就会成倍地增长，就会成为一名真正的强者。

很多人会觉得恐慌：怎样才能唤醒体内沉睡的潜能，打开那座"宝库"？我根本不知道如何去呼唤。唤醒体内潜能的方法只有一种，那就是自信。我们要尝试着用自信这把金钥匙，来打开"宝库"的大门，唤醒沉睡的潜能。

有一位高中生参加青少年卡内基培训，一段时间后感觉收获颇丰。原来，他的个性有些内向，而且对自己非常没有自信，一上台讲话就紧张得结结巴巴、词不达意。后来经过一段时间的学习，老师也对他进行鼓励，他渐渐找回了自信，慢慢克服了上台紧张的毛病。回到学校上课以后，他能站在讲台上流利地进行演讲。他的自信越来越强烈，感觉自己真的很棒。

这件事对他的影响很大，他明白了一个道理：只要拥有自信，人的力量就会很大，甚至可以实现任何目标。如果自信可以克服上台的恐惧，那么是不是可以克服其他缺点呢？他相信是的，他要证明给自己看。正好，三个月后，他要参加大学推荐甄选口试，为了让自己穿西装体面一些，给口试主考官留下好的印象，他给自己定下了一个目标：三个月内，减肥十公斤。

有过减肥经验的人都知道，三个月减肥十公斤并不是一件容易做到的事情。减肥这种事，并不是靠单纯节食就可以做到，还需要坚持锻炼。这个时候，他自己是一个非常自信的人了，他相信自己可以做到。

很多时候，话说起来容易，但真做起来的时候，却并不那么容易了。少吃多运动，对于一个普通男生来说，也许算不了什么，但是对于一个体重达到九十公斤的大男生来说，就是一项看似难以完成的艰难任务了。

这个时候，自信发掘出了他体内的潜能，他的坚持让他自己都无法相信。他想象着自己瘦下来的样子，开始持之以恒地控制饮食，每天坚持跑步。这两项工作，对于一个爱吃不爱运动的男生来说，确实是一种磨炼，但他体内的潜能发挥了作用，咬紧牙关，他居然以常人无法想象的毅力坚持了下来。三个月后，他真的瘦了十公斤。

结果是，他通过推荐，顺利上了该大学的企管系。

有自信什么事都做得成吗？是的！人的潜能是巨大的，关键是看能否被激发、被唤醒，而自信恰恰就起着这样一种作用。在很多时候，我们并不缺乏干好工作的能力和经验，而只是缺少一种自信，缺少一种勇气。

莎士比亚曾经说过："一个人的心灵如果受到鼓舞，即使器官已经萎缩，也会从沉沉的麻痹中振作起来，重新开始活动，像蜕了皮的蛇一样获得新生的力量。"自信对于我们而言，其实就是一声呐喊：醒来吧！沉睡的潜能！

潜能醒过来了，我们的生命之轮将会充溢着力量。如此，我们怎么会无法成功呢？无论是在生活中还是在工作中，我们都应该给自己以自信，想方设法让自信唤醒心底沉睡的力量。有了自信，我们才能勇于拼搏奋斗，才能在拼搏奋斗中不断发掘自身的潜能，才能在潜能中不断提高自己，有所收获。

夏洛特黄蜂队中的博格斯是个矮个子，身高只有一百六十公分。他不仅是NBA里最矮的球员，也是NBA有史以来创纪录的小个子。但是，谁也无可否认他辉煌的过去。他曾是NBA表现最杰出、失误也最少的后卫之一。他才能非凡，不仅控球技术一流，远投精准，更让人咂舌的是，他还可以在高个子堆里横冲直闯，毫无畏惧。

是什么成就了如此伟大的一颗球界明星？是自信！

博格斯从小就长得特别矮小，虽然体型上并不适合打篮球，但是他却非常热爱篮球。从小他就有一个梦想，那就是长大了去NBA打篮球。因为他知道，NBA的球员不但待遇高，还可以得到无数球迷的尊敬与爱戴。可是，当他把这个梦想告诉伙伴们时，大家都笑了，甚至有人笑倒在地上。大家在想：一个如此矮小的人，却幻想着去打NBA，这不是最大的笑话吗？

可是博格斯并不这样想，他知道自己有多爱篮球，他知道自己每天花在篮球上的时间有多少。他相信，自己比别人多好几倍的练球时间不会白费。他相信自己有打NBA的能力，这种自信唤醒了他体内沉睡着的潜力，他的球技越来越好，征服了所有的人。当然，后来，他终于成为全能的篮球运动员，也成为最佳的控球后卫。

他曾经被人嘲笑的"劣势"个子矮小，现在却成为了他的"优势”，他行动灵活迅速，就像一颗子弹一样，在对手中间左右穿行。他运球的重心最低，所以很少出现失误。这些，都成为他制胜的法宝。

他曾经自豪地说：“那些从前听说我要进NBA而笑倒在地上的同伴，他们现在常常向别人炫耀：‘我小的时候，是和黄蜂队的博格斯一起打球的。’”确实，他已经有了自豪的资本。

可以说，博格斯的自信使他创造了自己的奇迹。他相信自己的能力，他相信自己一定可以。在悄然中，他的自信唤醒了体内沉睡着的潜能，他爆发了，爆发出无比强大的力量。他爆发的力量，让他成就了自己的梦想。

自信的人，并不是处处比别人强的人，而是对自己有一个正确的认识，对事情有一个清晰的把握。他们知道自己存在有价值，也明白自己对环境有影响力，所以他们总能让自己头脑清醒，唤醒沉睡的力量。自信的人很聪明，他们不仅唤醒了自身的潜力，而且还具有较强的自我管理能力，懂得如何安排自己的优势与劣势，从而让潜能发挥得淋漓尽致。

如果懂得了用自信唤醒沉睡的潜能，那么，我们就会充满了前进的力量。我们还觉得自己的力量不够吗？还会觉得自己心有余而力不足吗？从现在开始，学会用自信唤醒沉睡的力量，让自己成为一个内心强大的人。

4.

自信可打败一切自卑

自信和自卑就像是一对双生子，它们孕育于我们的内心，生长于我们的内心，影响着我们的生活和工作。所不同的是，自信使我们内心强大，而自卑则使我们内心弱小。我们想要以强大的内心引领自己的职场之路，就必须学会用自信打败自卑。

严格来说，自卑是一种性格上的缺陷。一个人如果总是被自卑感所笼罩，那么他的精神活动就会遭到最为严重的束缚。可想而知，如果精神活动被拴上了一根坚韧的铁链，那么我们的内心如何强大得起来？又如何能够游刃于职场江湖？显然很难！或许我们很聪明，或许我们很有才华，但是在自卑感的笼罩之下，我们总会觉得自己事事处处不如别人，我们总是会想：自己还是和别人有差距，那么还争什么呢？于是，斗志会在自卑感里被消磨殆尽；力量会在自卑感中慢慢蛰伏下来。我们的冲劲会慢慢地被消沉所替代，激情会悄悄地被消极所俘虏，停滞不前，甚至还有可能，会后退。这样的我们，又怎么能够在事业上取得成就？自卑感会让我们的内心懦弱，而内心懦弱的人，注定只能是职场上的失败者。

我们当然不愿意做职场上的失败者，那么，就要学会战胜自己的自卑。不要害怕，战胜自卑并不难。家庭出身不好，我们感觉自卑了，那么现在试着自信地告诉自己，英雄不论出身；社会地位低，我们感觉自卑了，那么现在要自信地说，自己有能力取得更高的社会地位；学历低，我们感觉自卑了，那么学会让自己笑着说，学历代并不代表能力低；别人工作能力比我们强，我们感觉到自卑了，那有什么关系，相信自己的努力，一定可以超越任何人。可不是吗？其实很多让我们产生自卑的困惑，原来就是如此简单。只要学会给自己一些自信，我们就可以战胜任何自卑。一旦没有了自卑感的束缚，我们的内心就会被自信的力量所占据，唯有如此，我们的内心就会强大起来。

一个自信的人,一个内心强大的人,在人生路上,将会无所畏惧。我们来看两个故事,在这两个故事里,自信战胜了自卑。

故事一:十几年前,他从一个北方小城考进了北京的大学。他家乡的那座小城,贫穷而落后,人口仅仅只有二十多万。当走出北京火车站的那一刻,他才意识到,原来自己一直像是一只生活在井底的青蛙。和偌大的北京城相比,自己家乡的小城,只是一口井而非一片海。他为自己的出身,感到深深的自卑。

在教室里,大家相互认识。女同桌的第一句话就问他:"你从哪里来?"一句简简单单的问话,却刺痛了他那本就自卑的心。是啊,自己从哪里来?难道要告诉别人,自己成长于一个落后的小城?难道要告诉别人,自己从未游走于繁华的都市?如果这样说了,那么从小生活在大城市里的同学,会不会看不起自己?

他的自卑使他胆怯,整整一个学期,他都不敢和同班的女同学说话。他用强烈的自卑,把自己完全封闭起来。他成了一个沉默寡言的人,很少和人交往,绝少和人说话,就连每次集体照相,他也会戴上一个大墨镜,以掩饰内心深处的自卑。

第一学期结束了,放假之后就要暂时各奔东西。忽然,有同学问他:"你叫什么?"原来,很多同班同学都不认识他。

故事二:二十年前,她也在北京的一所大学里上学。

她是一个自卑的姑娘,不是因为出身,而是因为形象。她没有纤细的腰肢,而是有些肥胖。爱美之人,人皆有之,恐怕对于任何一个女孩子来说,最无法容忍的,就是"形象不佳"。大部分日子,她都在疑心,怀疑别人嘲笑自己,怀疑别人嫌她肥胖难看。在这种疑心里,她产生了深深的自卑感。看着别的同学那苗条的身影,她暗自难受:谁让自己这么胖呢?

强烈的自卑感,导致她开始隐藏自己。她不敢穿裙子,不敢上体育课,怕会被同学们嘲笑。甚至大学毕业的时候,她也差点毕不了业。不是因为功课太差，而是她根本不敢参加体育长跑测试。老师劝她："只要你跑了，不管多慢，都算你及格。"

可是，她就是不跑。她想跟老师解释，不是自己不想跑，而是因为害怕。她怕自己跑的时候，肥胖的身体成为同学们的笑料。可是不知为什么，话到了嘴边，她却始终没向老师解释。她连解释的勇气也没有了，只能茫然地跟着老师走。

老师回家做饭去了，她还跟着，终于老师不耐烦了，勉强算她及格。

他和她，是两个曾经被自卑感深深束缚的人。后来，他们成了朋友。在一个电视晚会上，她对他说："要是那时候我们是同学，可能是永远不会说话的两个人。你会认为，人家是北京城里的姑娘，怎么会瞧得起我呢？而我则会想，人家长得那么帅，怎么会瞧得上我呢？"虽然是笑话，可是，她的话却让他们共同回忆起了当年自卑的日子。

只是，那段自卑的日子，只是一瞬而过。他用自信战胜了自卑，使自己走出了出身的困境；她也用自信战胜了自卑，让能力主导了自己的人生。

他现在是中央电视台著名节目主持人，经常自信地对着全国几亿观众侃侃而谈。他主持的节目就像他的人一样，自信而闪光。他的名字叫白岩松。

她现在也是中央电视台著名节目主持人，她的形象依然没有别人出色。但是，她却是第一个完全依靠才气而丝毫没有凭借外貌走上央视主持人岗位的。她的名字叫张越。

现在，我们丝毫看不到他们有一丁点儿自卑的影子，有的只是自信。可是他们曾经也自卑过，而且为深深的自卑所伤。只是他们很聪明，学会了用自信战胜自卑，走向了事业的成功。

可想而知，如果当年他们没能走出自卑的阴影，无法自信地学习，自信地工作，会出现一种什么样的情形？别的不说，至少央视上，将会少了他们两个的身影。自卑是人生最危险的杀手，它可以轻易毁掉一个人。一个对生命负责的人，绝不能让自卑尘封自己内心的宝藏。而唯一的方法就是，拿出自信，用自信战胜自卑。

自信的力量何其强大，它可以战胜一切自卑，使我们的内心从懦弱，走向强大。当我们用自信将自卑抛到一边之时，就会猛然发现，原来生活可是如此轻松。是的，不止是生活，在工作中，我们也需要用自信战胜自卑。我们要相信自己并不比别人差，自己一定可以实现目标。只有要了自信，自卑，走一边去吧！

5. 不做职场中内心怯懦的可怜虫

“这项工作太难了，我做不好！”

“我能力不够，你还是找别人做这件事吧！”

“怎么办呢？老板把这个难题留给给我了！可是，我哪里有能力做好这件事？”

……

在工作中，你这样抱怨，这样恐慌过吗？不管我们有没有能力做好手上的工作，但是一旦内心出现了这样的声音，那只说明了一件事：我们怯懦了，害怕了，退缩了。这个时候，我们内心弱小的可怜，为什么要怯懦呢？就算我们对自己“明察秋毫”，知道能力不够，但是能力这个东西，不是可以提高的吗？随时提高自己的能力，谁敢说我们完成不了这项工作？如果说我们有这个能力，但只是因为害怕完成不好而产生了怯懦，那结果会更糟。因为一旦我们内心产生了怯懦，失去了自信，将更无法漂亮地做好这件事情。

所以无论如何，我们都不能做一个内心怯懦的人。在职场上，一个内心怯懦，毫无自信的人，将注定是一个可怜虫。古罗马哲学家塞内加曾经说过："勇气通往天堂，怯懦通向地狱。"在职场江湖里，"地狱"就是最终被激烈的竞争所淘汰。我们当然不愿意被淘汰，那么就应该从现在开始，学会战胜心底的怯懦。

怯懦到底是怎样产生的？一个人内心怯懦，指的是其胆怯、怕事、懦弱、拘谨等性格特征。怯懦通常表现为害怕困难，意志薄弱；害怕挫折，情感脆弱；害怕交际，性格软弱。一个性格怯懦的人，通常会寡言少语，容易逆来顺受和屈从他人，遇事退缩，不肯积极向前，更不肯冒半点风险。当遇到困难时，他们往往会惊慌失措，不知如何是好，而且在挫折之后还会自暴自弃，没有再战的勇气。总体来说，一个人之所以会怯懦，还是因为没有自信，不肯相信自己。他们害怕自己做不好事情，害怕事件做砸会引起坏的结果，甚至在交往方面，他们也不肯勇敢地向前走一步，害怕被人拒绝。内心怯懦的人有一句共同的潜台词：我不行！失败了，怎么办？

说内心怯懦的人可怜，原因也在于此。想想看，一个内心怯懦的人，在职场江湖里，除了消耗时光，慢慢被岁月淘汰外，还会有什么成就？他们永远会害怕，会畏缩，会不敢向前跨出一步。他们没有自信，不相信自己可以取得胜利，那么怎么又可能取得胜利？对于我们来说，学识、能力、经验、条件等等，这些因素都可以排在后面，但唯独不能没有了自信，不能内心怯懦。当我们因为怯懦而不敢向前时，便已经失去了所有的机会；当我们没有自信，以怯懦的姿态面对工作时，已经失败了一半。在职场江湖里生存，我们想要成功，但内心怯懦，则会使我们失去成功的先机。如此，怎能不是职场里的可怜虫？

我们不愿意做一个职场里的可怜虫，所以必须学会战胜心底的怯懦，让内心强大起来。

提起台湾首富王永庆，几乎是无人不知、无人不晓。他把台湾塑胶集团推进到世界化工业的前五十名，可谓战绩辉煌。可是，在他创业前期，路却并不好走。他从卖米开始，一步步走到今天的位置。

早年因为家贫，他读不起书，所以只好辍学打工，以养家糊口。十六岁那年，他从老家来到嘉义，开了一家米店。自古以来，商场便如同战场，年轻的王永庆就这么懵懵懂懂地冲上了战场，其艰难可想而知。当时小小的嘉义，有近三十家米店，竞争非常激烈。王永庆凭什么敢和别人一争长短？他什么也没有，只有两百块钱的资金，和年轻人一股不知天高地厚的自信。

两百块钱的资金太少，为了节省资金，他只能在一条偏僻的巷子里承租了一个很小的铺面。人小，铺面规模小，开办晚，这样的米店生意能兴旺吗？答案当然是否定的。没有人知道他的米店，那段日子，米店的生意冷冷清清，门可罗雀。

这种结果，在意料之中，也在意料之外。王永庆的心态很好，在店里小伙计都开始怯懦，担心饭碗难以长久的情形下，他依然沉着自信。他相信天无绝人之路，只要努力想办法，总会改善这种情形的。在这种自信的心态下，他开始背着米挨家挨户地去推销。可是，这种做法的结果是，不仅没什么效果，而且人还累得够呛。可以想象，有谁会去买一个小商贩上门推销的米呢？

后来一度，他的自信也开始有些动摇。他也曾怀疑，是不是自己开米店原本就错了？想到自己辛苦积累的两百块钱有可能会打水漂时，他也开始有些怯懦。如果现在收手，还会少赔一些。如果再撑一段时间，还是不行，那将赔得更多。怎么办呢？他有好几晚上没有睡着觉，一直在思考这个问题。可是，最后，他想通了。

他不相信会找不到好的办法。他对自己说：再努一把力，一定可以！他的自信又回来了，那潜伏在心底的怯懦也开始烟消云散。他又开始了努力，他认定自己可以经营好这个米店。

有了自信，他的思路也活了起来。他想：既然自己和别人相比没有优势，那就要“造出”一些别人没有的优势出来。思来想去,他想到了,那就是从每一粒米上打开突破口。那个时候的台湾,农民还处在手工作业状态。由于水稻的收割与加工技术很落后,所以米中往往会有很多杂物,比如说一些小石子、秕糠之类的东西。这是一个普遍存在的问题,消费者也习以为常。但是每次做饭前,米却要淘好几次,这让很多人烦不胜烦。

王永庆抓住的,正是这点。他召集店里的伙计和家人一起动手,把自家米店里大米中的杂质一点点拣出来,然后再卖。干净的米当然大受欢迎,人们争相购买。而米店的招牌,则就此打响。人们都说,王永庆店里的米好,省去了淘米的麻烦。一传十,十传百,米店的生意开始红火起来。

他的生意就此站稳了脚跟,这为他后来问鼎台湾首富的事业,打下了坚实的基础。

在这个故事中,我们先把王永庆的聪明和睿智放在一边,只考虑一个问题:倘若在遇到挫折时,他的内心怯懦了,退堂鼓敲响了,那么还会有今天的台湾首富吗?我们说,没有!可能很多人会觉得不以为然,认为就算在经营米店的时候,他因为生意不好,内心怯懦,败下阵来,那还会有别的机会,怎么能说他就会因此一役,而无法成为台湾首富呢?道理其实很简单,一次的怯懦,会给下一次的怯懦带来借口。在职场中,我们因为怯懦而退缩的时候,不自信就会悄然占据上风,我们就会失去自信。当没有自信成为一种习惯的时候,稍微遇到一点困难,我们就开始怯懦。如此,等着我们的,必定会是出局。

内心怯懦的人,确实是职场里的可怜虫。因为他们会把可以做好的事情做砸,会把身边的机会白白浪费,自己却不知道。这样的人,不是可怜虫,又是什么?不要让怯懦在我们的内心深处占据上风,当怯懦高高在上的时候,我们的内心就是一个最为弱小的世界。我们会害怕、会恐惧、会退缩、会逆来顺受,会被自己折磨得体无完肤。

我们要让自己的内心强大起来,就不要让怯懦占据上风。其实,有什么好怕的呢?

6. 强大的自信铸就强大的内心

毛泽东主席曾经说过："自信人生二百年，会当击水三千里。"这句诗虽然写的是游泳，但其中却无不透出了诗人对人生的自信与豪迈。

自信，就是相信自己。有位哲人曾经说过："如果你连自己都无法相信，那么还能指望谁去相信你？"人生成功第一要素，就是相信自己。拥有自信，可以把阴霾变成阳光，而失去了自信，阳光也会变成阴霾。我们总是遗憾自己没有成就，我们总是在抱怨上天不公，可是，有没有认真反省一下，我们拥有自信吗？培根曾经说过："深窥自己的心，而后发觉一切的奇迹在你自己。"没错，我们只有相信自己，才能创造奇迹。

在很多时候，我们有能力，有知识，有才华，有机遇，什么都不缺，可是却唯独缺少了自信。因为不相信自己，所以我们的优势便成了一堆生了锈的机器，开不动，转不起，无法"制造"成就。这怪谁呢？只能怪我们自己，为什么没有自信？反过来，当我们拥有自信的时候，那堆在别人眼里或许是"破铜烂铁"的机器开始运转，而且加足了马力，轰轰隆隆地开始了制造"成就"的过程。机器的正常运转，产生了强大的能量，让我们内心强大起来，从而无惧各种困难和挑战。于是，很自然地，我们就走向了成功。

我们甚至可以说，强大的自信铸就强大的内心，当自信无比强大时，我们的内心就会强大如山，巍峨、高耸、坚实、厚重。这样强大的内心会带着我们以无畏的姿态，直冲蓝天，到达梦想中的地方。职场生活原来就是一段坎坷崎岖的道路，其中充满挑战与挫折，只有内心像高山一样强大，我们才能平稳前行。

态度可以决定高度，自信可以决定长度，改变人生。当我们用强大的自信铸就了强大的内心时，无论目标有多远，都不再成为难题。有了强大的内心，万水千山，路都在脚下，都在眼前。所以，当我们在职场里拼搏的时候，一定要学会树立自信，坚强内心，要学会用自信经营自己，不轻易放弃，不随意抛弃，不到最后关头永不言败。一个内心强大的人，才能永远立于不败之地。

在山东省有个不起眼的小村子叫姜村，但是这个小村子，却出现了一个奇怪的现象。几乎每年，这个小小的村子里，都会有好几个人考上大学、研究生，甚至是博士生。慢慢地，这个小村子在方圆几十里内有了名气，父老乡亲都说，那个村子就是一个出大学生的村子。久而久之，大学村就成了姜村的新村名。

时间一久，这个村子的名气更大，全省都知道有这么一个村子。外地人拼命打听：是什么原因让这个小村子总出大学生？附近人呢，只要是在这个村子里有亲戚的，就千方百计地把孩子送到这里来上学。乡下人想得简单：只要把孩子送进姜村，就等于把孩子送进大学了。

越来越多的人开始关注姜村，人们都在问，都在思索：到底为什么会出现这种现象？是姜村水土好吗？是姜村的父母掌握了什么教育孩子的秘诀吗？还是姜村真的占据了好的风水地气？总之，传闻多多。这个只有一所学校，每个年级只有一个班的姜村小学，成了一个神秘的地方。

没有人知道这个秘密到底是什么，但是，我们却可以听一听这所学校里曾经有过的故事。

在三十多年前，姜村小学调来了一位五十多岁的老教师。这个老教师是一位大学教授，因为一些原因被贬到了这个偏远的小村子。在那个年代，像老教授这样有学问的人，对于村民来说是有极大"震慑力"的。很快，就有一个传说在村子里流传：那个教小学的老教师能掐会算，他能预测孩子的前程。

于是，在老教师的"预测"下，不断有孩子这样告诉自己的父母："老师说了，我将来能成为数学家。""老师说了，我将来能成为作家。""老师说了，我将来能成为音乐家。"……孩子们相信自己的老师，家长们将信将疑，但也有点相信老师的话。毕竟，大家都知道，那个老教师是一个了不起的人物。

奇怪的是，在老师给孩子们“掐算”完之后，家长们又发现了这样一种现象：孩子和以前不大一样了。他们变得懂事而好学，认真而刻苦，就好像他们真的已经是数学家、作家、音乐家的材料了。难道，那个老教师真的能掐会算？

再过一段时间，家长们也开始相信老教师的“预测”了。原因很简单，老师说会成为数学家的孩子，对数学的学习更加刻苦；老师说会成为作家的孩子，语言成绩好得不得了；老师说会成为音乐家的孩子，不但学习刻苦，歌也唱得好了。甚至有很多孩子不再让家长操心，而是自己主动认真地学习。老师告诉他们：他们将来都是了不起的人，但是贪玩、不刻苦的孩子是成不了杰出人才的。

但无论如何，很多孩子都在按照老师“预测”的道路前进，很快乐地前进，一点儿也没有勉强的意思。难道，孩子们真的是大材料，被老师一语道破了天机？

更让大人们惊奇的还在后面，几年过去后，这些孩子们在参加高考的时候，果然如同老教师“预测”的一样，大部分都以优异的成绩考上了大学。真是神了！村民们对这个老教师佩服得五体投地，看待老教师的眼神像看待神人一样。有些村民开始找这位“老神仙”看自己家的宅基地，希望他能出手相助。但是老教师却笑笑说，自己只会给孩子“预测”，不会看别的。

再到后来，老教师回城里了。他人虽然走了，但是却把这个“预测”的方法留了下来，传给了接任的老师。那些接替他工作的老师，还在一级一级地给孩子们“预测”。他们听从了老人的嘱托，不把这个秘密告诉村子里的人们。他们的“预测”也很准确，经过他们“预测”的孩子，也是大部分都考上了大学。

这是一个关于给孩子“预测”未来的“天机”，我们看懂了吗？我们应该看得懂，那位可敬的老教师，通过“预测”给了孩子们一样东西，那就是自信。教师的话多有分量啊！他告诉孩子们，他们会是怎样杰出的人，孩子们相信了，于是一种强大的自信在他们心里爆发出来。孩子们不再自卑，不再彷徨，不再畏缩学得没有出路，因为他们是未来的“杰出人才”。强大的自信让他们内心强大起来，使他们克服了贪玩、懒惰的习惯，努力而又刻苦地学习。所谓的“天机”其实就是这些，用自信强大内心，引发力量。

这种力量，足可以改变未来。

我们在职场江湖里拼搏，有强大的自信吗？有没有用强大的自信，铸就强大的内心？我们要想取得成就，就离不开自信，也许只有自信的人才敢说：这个职场，没有我做不到的。可不是，“千淘万沥虽辛苦，吹尽狂沙始得金。”自信让我们内心强大，而内心强大，则让我们无所畏惧。

相信自己，不停追求，努力加强内涵修养，方可做到内心强大，王道职场江湖。

第五章

坚定信念，砥砺奋进让我们无所畏惧

信念，是一份纯真的向往，是一份美丽的追求，更是人们赖以生存的原动力。正是因为有了一种信念，我们才有坚定的步伐，执著的探索；正是因为有了一种坚定的信念，我们才有生存的勇气，无惧的拼搏。林肯曾说："喷泉的高度不会超过它的源头，一个人的事业也是这样，他的成就绝不会超过自己的信念。"从另一个方面来讲，信念决定了我们的成就。倘若没有坚定的信念，那将会出现怎样的情形？无须揣测，如果没有坚定的信念，那么梦想永远只能是一个遥不可及的梦。

1. 信念可创造奇迹

“这个世界上没有任何东西能够使我们倒下，如果我们的信念还站着的话。”这句话并非只是一句豪言壮语，而是道出了一个事实，那就是信念的力量。什么是信念？信念又有什么样的力量？

信念是认知、情感和意志的有机统一体，是人们在一定认识基础上确立的对某种思想或事物坚信不疑并身体力行的心理态度和精神状态。人们在做某些事情的时候，信念可以起到很重要的精神支撑作用。不要小瞧了精神的支撑作用，阿基米德曾经大放豪言，“给我一个支点，我就可翘起地球。”那个支点起的正是支撑作用。在很多时候，支撑我们精神的信念，也可以帮我们“翘起地球”，创造奇迹。

没错，信念有一种无与伦比的力量，它甚至可以创造奇迹。作家丁玲曾经说过：“人，只要有一种信念，有所追求，什么艰苦都能忍受，什么环境也都能适应。”这就是信念的力量，只要拥有一种坚定的信念，我们就可以在任何艰苦的环境里跋涉前进，直达目标。

埃里克出生于美国康涅迪格州，他曾经是一个不幸的孩子。年幼的时候，他患上了一种非常罕见的视网膜疾病，以至于十三岁时，眼睛完全失明。从此以后，他只能生活在黑暗之中。

他的父亲非常痛苦，但他知道，小埃里克心里更加难受。为了缓解儿子心中的痛苦，帮助儿子树立信心，他强忍住了自己心中的悲痛，每年夏天都带其出去徒步旅行。几次以后，小埃里克适应了徒步旅行，并渐渐爱上了户外运动。他开始经常练习攀岩、登山，为自己的户外运动做准备。

慢慢地，埃里克已经无法满足只是户外运动了，他想要向高山发起冲锋。当他第一次宣布自己这一计划时，几乎遭到了所有人的反对和质疑。几乎没有人相信，一个盲人可以登上山顶。有的登山对员甚至认为他只是盲从，一时头脑发热而已，所以他们鄙视他，不愿加入他的队伍。在他们看来，一个盲人去攀登高山，简直就是不可能完全的任务。有亲友生气地对他说："连我这样正常的人都不会做这样的蠢事，而你却为什么要去做？"

面对这样的大片质疑声，埃里克并没有动摇，他更加坚定信念，他要去征服高山。

在质疑声中，埃里克终于向高山发起了冲锋，他要用自己的方式来寻找高明。第一次向高山发起冲锋，他成功了。紧接着，他又发起了第二次的冲锋，第三次……他越攀越高，越闯越通，仅仅几年之后，他在登山界已经小有名气。

在"美国盲人基金会"的资助下，依靠队友的帮助，用绳索和铃铛引路，他成功攀登了北美洲最高的麦金利峰。他把那些高峰全部都当成了自己的挑战目标，足迹遍及世界七大洲。非洲的乞力马扎罗峰、南美洲的阿空力呱峰……每一次挑战都让他热血沸腾。虽然困难重重，艰难险阻接连不断，但是坚定的信念，使他征服了一座又一座高峰。

2001年，他成功地攀上了珠峰，站在了世界之巅。他是全世界一百零二位全部征服七大洲最高峰的登山者之一。但是，他却是他们中唯一一个盲人。他用坚定的信念，成功征服了世界最高峰，也登上了人生的最高峰。

可以说，埃里克之所以能够创造这一惊人奇迹，在很大程度上，取决于他那坚定的信念。当然了，这并不是说其他方面不重要，他对自己体能上的刻苦训练也很重要。但更重要的是，他精神上的突破，那就是信念的力量了。在没有登上珠峰之前,他已经在脑海中无数次地模拟攀登珠峰,使自己形成了强大的成功信念。这样的信念使他可以面对任何困难而不动摇,使他最终创造了奇迹。

信念是一种无形的资产,当我们拥有坚定的信念时,往往就会取得常人难以想象的成功。如果说目标是前方引路的明灯的话,那么信念就是一种无形的动力。有了这股动力,我们的人生之舟就不会搁浅,而是会加速前进。即便是途中遇到了大风大浪,在坚定的信念下,也永远不会偏离航向。

一直以来,世界上很多科学家以及权威人士都通过研究表明,由于骨骼、肌肉等各方面的因素和限制,人类不可能在四分钟内跑完一英里。一英里,换算下来,大概是一千六百零九米。因为这是很多科学家共同下的结论,所以人们也就普遍认为,一英里是人类无法打破的极限。

然而,这个极限在一九五四年,却被一名叫做罗杰·班纳斯特的人打破了。他是怎么打破的呢?

原来,他之所以可以创造这一惊人佳绩,除了平常刻苦的训练之外,还要归功于精神上的突破。在破纪录之前,他曾在脑海中无数次地模拟了以四分钟的时间跑完一英里。他在脑海中模拟了很多次,也至于形成了一种强大的信念,那就是自己一定可以成功。结果,他真的做到了,突破了人类数千年来无法突破的事情。

是信念创造了奇迹。

有意思的是,在班纳斯特打破这一纪录的第二年,居然有三十七个人也做到了。第三年,有高达三百个人之多,也做到了这件事。这是怎么回事?数千年来,一直被人们认为是不可能做到的事情,在短短的三年之内,居然有几百个人做到了。这太不可思议了,难道是人类又开始了进化吗?当然不是!究其原因,恐怕是那些运动员被科学家的结论限制住了自己的潜能,那个所谓的“结论”使他们无法相信自己可以做到。于是，他们就真的做不到了。可是，当终于有人突破了那一纪录，证实了那个结论并不正确后，他们才开始认为自己也能做到。可以说，之前他们无法突破那一纪录，是因为缺少了坚定的信念；而之后之所以可以做到，完全是坚定了自己的信念。

还是那句话，是信念产生了奇迹。只要我们拥有坚如磐石的信念，就可以取得那些看似无法成功的成功。在很多时候，有些成功看起来确实很难，但只要有坚定的信念，我们就可以乘风破浪，攻克难关，走向胜利。我们要在心里始终有一个声音：坚持下去，我可以实现梦想。真的，当我们这样对自己说的时候，往往就会出现奇迹。

爱因斯坦说：“由百折不挠的信念所支持的人的意志，比那些似乎是无敌的物质力量具有更大的威力。”在很多时候，坚定的信念能让我们的意志更为坚强，任凭风吹雨打也绝不动摇。正因为如此，我们才能凭借信念走过很多“不可能”，来到成功面前。

身在职场，如果没有坚定的信念是很危险的。想想看，就算有了明确的目标，如果没有了坚定的信念，我们的意志将会动摇，挫折将会使我们趴下。这样一来，我们就根本无法走向成功。我们想要内心强大起来，从现在开始，需要修炼信念。

2. 绝境中，还有生存的机会

每个人都会有处在困境甚至绝境的时候，生命不可能一帆风顺地走过。那么，当我们遇到那些所谓的“绝境”之时，又会以什么样的姿态去面对呢？是静静地等待他人的救援，然后在救援没来之前听凭“绝境”将我们压得头破血流；还是紧紧扼住“绝境”的咽喉，用坚定的信念，以拼搏之姿走出危境？很显然，坐以待毙不如奋起反抗，只要拥有坚定的信念，在绝境中，我们依然会有生存的机会。

有位哲人曾经这样说过：“有了绝境这个机会，是一个人的不幸，也是他的大幸，否极泰来，即是如此。”想想确实如此，那高山岩缝中的劲松；那茫茫戈壁上的独树；那沙漠深处孤独的胡杨；那冰天雪地里绽放的雪莲，它们哪一个不是在绝境中绽放出了自己的美丽？面对绝境，它们用坚定的信念奋勇直前，为自己赢得了生存的机会，也为生命亮起了一道光彩夺目的风景。当然了，身在职场，我们可能鲜有机会使自己处于类同沙漠或者戈壁之类的绝境之中，但是人生何处无坎坷，一不小心，我们也许就会落入一个让自己进退维谷的绝境之中。这个时候，只有拥有坚定的信念，我们就有坚持下去的勇气，而坚持下去，发挥出隐藏在自己体内的潜能，也许前方才会豁然开朗。从绝境到走出绝境，很难说，我们仅仅只得到了生存的机会。

绝境检验着我们每一个人信念的坚定程度，坚定的信念是走出黑暗照亮人生的火把，是走出绝境的精神支柱，只要这根柱子昂然挺立，它将将成为支撑我们走出绝境的脊梁。所以，怕什么绝境？只要信念不倒，再险恶的绝境，在我们面前，都只是一次关于生存的考试。认准目标，坚定信念，认认真真地答题，仔仔细细地思索，我们终能为自己的人生交上一份最完美的试卷。

一头驴子不小心掉进一口枯井里，井很深，它无论如何也出不去。于是，它哀怜地叫喊求救，希望主人能听到声音，然后将它救出去。主人终于发现驴子掉到枯井里了，开始召集邻居商量对策，希望能找到一个好办法将它救出。但是，商量了好久，大家始终也没能想出好的办法来。最后，大家一致认为，反下这头驴子已经老了，“人道毁灭”也不为过，就让它和这口枯井一起被埋起来吧。

于是，人们拿起锹开始填土。当第一锹土落到井里驴子的身上时，它忽然明白了主人的意图。它开始恐慌，并恐怖地叫了起来。但是井上的人们却无动于衷，还是不停地往下扔土。这头驴子，陷入了绝境之中。

土不断地往下落，落到驴子身上，然后又滑落到井里。片刻之后，它出乎意料地安静下来。它想要生存下去，因为，外面有它的孩子。它不再惊恐乱叫，而是不断地躲避着从上面落下来的土块，将自己的伤害降到最低。当有土落到自己身体上的时候，它就努力抖动身体，将土抖落，踩在脚下，垫高自己。

驴子的心里只有一个念头，那就是要出去，出去和自己的孩子在一起。那是怎样的一场战斗啊！土块如雨，纷纷落下，在这场“雨”中，驴子的身体不断升高。奇迹发生了，驴子的身体越升越高，终于升到了井口，在人们惊奇的目光中，它昂首离开了枯井。它用坚定的信念，使自己走出了绝境。

无论是在生活中也好，在工作中也好，我们总得直面绝境的挑战。但是，我们一定要认清一个事实，那就是“绝境”是相对的。我们眼里的“绝境”，只是自己理解中的“绝境”，那或者只是一种无路可走的假象，而并非真的是无路可走。往往这个时候，能够拯救我们的恰恰就是自己。倘若有坚定的信念，我们就不会被这种假象所左右；倘若没有坚定的信念，那就要想方设法让自己的信念坚定起来，只有用“咬定青山不放松”的信念，我们才能拨开乌云见明月，才能走出“绝境”的假象。

有人说了，那如果我们遇到的危机并非假象，而是真真实实的绝境，那又应该怎么办？曾经有一个令无数人钦佩的美国登山爱好者。在他独自攀登勃朗峰时，不小心右手被落石压住。他想尽了各种办法，却无法把右手从石头下来拿出来。怎么办？它已经陷入了一个绝境之中，没有同伴，无人救援，自己被阵阵疼痛折磨着。他是怎么做的？求生的信念支撑着他，使他做出了一个惊人之举：他砍掉了自己的右手，然后独自下山去寻找救援。当然，他获救了。这是绝境吗？绝对是绝境，但是求生的信念支撑着他，使他做出了这项惊人之举，救了自己。所以，就算我们畏绝境如畏虎狼，但在面临绝境的时候，也无需觉得到了世界末日，只要信念坚定，我们终有办法走出绝境。寒冬过后是春天，当从绝境中脱困而出的时候，焉知不是我们的下一个春天？

一九七九年，一个年仅十九岁的小伙子在加拿大温哥华的柏树山上滑雪时，遇到了他人生最大的危机。当他试图做一个从前玩过的特技，从朋友张开的双腿间滑过去的时候，一不小心撞到了朋友身上。结果是，在高速撞击下，他摔到了地上，并且折断了脖子。在摔倒那一刻，他甚至听到了自己骨骼碎裂的声音。接下来，等待着他的，将是残酷的命运。

当他从病床上醒的时候才知道，自己颈部以下全部瘫痪。这也就是说，从此以后，他只能坐在轮椅上生活。从一个年轻英俊的小伙子，变成了一个只能坐在轮椅上摇头的残疾人，这对他的打击可想而知。他就像一个刚刚踏上行程的寻梦人，忽然陷入了绝境之中，等待着他的，将是无尽的恐惧和彷徨。

今后要怎么办？一直这样吗？

从医院出来后的几年里，他曾一度陷入绝望的挣扎中，他在选择是生，抑或是死。这个绝境给他造成的困扰太大，他差不多完全丧失了生存下去的希望。他甚至拿出了自己之前的积蓄，买了残疾人专用汽车，打算开着车冲下悬崖，结束自己的生命。对他来说，能活下去，实在是一件艰难的事情。但他终于没有这么做，因为对于亲人，他有着深深的眷恋。为了不让父母再为自己伤心，他搬出了父母的房子，决定独自面对厄运。

一个夏日的傍晚，他坐在轮椅上，凝望着起居室白白的墙壁，独自尝绝望的滋味。他感觉自己的未来就像那面墙壁一样，空空如也，什么也没有。他的脑海里甚至出现了一幅画面，他想象自己手里有了一把枪，想象自己的手可以动，可以对准自己，扣动扳机。他还想象到，在枪声中，自己倒在了轮椅上，鲜血溅满了墙壁。他更想象到，当父母看到自己冰冷的身体时，那绝望的眼神……

他忽然清醒过来，明白了自己并非一无所有，至少还拥有生命。在那一瞬间，他活了过来，对生活充满了希望。他对自己说："我渴望成为那些忙碌人群中的一员，我有很好用的脑子，能够独立吃饭穿衣，甚至是微笑。我要坚强地活下去，成为一个完整的人，我要工作。"

在这一刻，他对于生活的信念无比坚定起来。他甚至觉得那僵硬的身体里也慢慢有了生机，正打算爆发出强大的力量。他好像是做了一个梦，梦想之后，开始了拼搏和努力。从这以后，他广泛涉猎知识，勇于挑战生活。他学习飞机驾驶技术，不但学得很好，而且还教会了另外二十位残疾人。他还学习汉语，一口流利的广东话说得像模像样。由于温哥华的华人超过三分之一，他流利的广东话得到了很多人的欢迎和鼓励。更让人觉得不可思议的是，在新一届的市长选举中，他以压倒性的票数，成为了温哥华市的市长。

他不仅走出了绝境，而且在自己的努力下，赢来了寒冬后的春天。他就是萨姆·苏利文，一个靠着自己坚定的信念，和坚强的意志走出人生绝境的人。

人生就是如此，不在绝境中爆发，就在绝境中沉沦。在绝境中爆发的人，往往可以凭借坚定的信念，走出人生的低谷；而在绝境中沉沦的人，他们未必没有走出绝境的能力，但却一定缺少了坚定的信念和强韧的意志。信念是温暖的火把，没有信念的支撑，再有才能的人，也必将在绝境中被冰封起来。

身在职场，我们总会遇到一些难以解决的问题，那或许就是我们人生的"绝境"。在这些绝境面前，如果没有坚定的信念，我们就极容易被困难吓倒，甚至退缩。有人说绝境的可怕是因为它腐蚀了希望，曾经历历分明的希望在绝境散发的阴影中变得影影绰绰。但是，一旦有了坚定的信念，希望却又可重新凝聚起来。可不是吗？无论任何时候，只有不失去了信念，我们就还有生存的希望。坚持着走去，下一步，也许就能成功。我们应该记住一句话：世界上没有绝望的处境，只有处境绝望的人。用坚定的信念的绝境中奋勇前进，不畏艰难困苦，就有可能走出绝境，获得新生。

千万不要做“绝境”的俘获者，那只能是内心弱小的人的表现。身在职场，我们不怕遇到绝境，却害怕绝境到来时内心脆弱。让信念更坚定一些吧，让内心更强大一些吧！走出绝境，我们可以！

3.

最可怕的敌人，是没有坚强的信念

罗曼·罗兰曾经说过：“最可怕的敌人，是没有坚强的信念。”信念是我们心中的希望，它能唤起我们对美好事物的向往，激励着我们百折不挠地向前奔跑。如果没有了坚强的信念，那么心中的希望也就不复存在，就算目标还在，我们也会失去破釜沉舟的勇气，那么能否到达目标，也就成了未知。

所以，在竞争激烈的职场里打拼，我们一定要有坚定的信念。只有坚定信念的人，才能拥有玫瑰的芬芳，夺取胜利的桂冠，创造生命的奇迹。很多人总是在抱怨，认为自己那么有才干，却总是一事无成，这是上天的不公，没有给自己一个发展的机会。这能怪上天吗？为什么不想想自己？一块再坚硬的铁，搁置久了都会生锈，更何况我们？当我们不能认准目标坚持下去的时候，就会像是一块生了锈的铁，无法调动起生命的能量。这个时候，失败就成为理所当然。学会让自己拥有坚定的信念，是我们走向成功，走向胜利必备因素。

有一年，一支英国探险队进入了撒哈拉沙漠的某个地区。他们在茫茫的沙海里负重跋涉，艰难地向目的地走去。骄阳下，漫天飞舞的风沙像烧红的铁条一样抽打着他们面孔，使他们东倒西歪。在风沙里，他们迷路了，更要命的是，他们的水没有了。

在沙漠里，最宝贵的东西就是水。没有了水，等待着自己的将是什么样的命运？可想而知。当最后一个人宣布没有水的时候，大家面如死灰，甚至失去了走下去的勇气。

这个时候，探险对长拿出了一只水壶，他高举着水壶，对大家说："大家不要泄气，我这里还有一壶水。但是，在穿越沙漠之前，这壶水任何人不能喝，我们要将它留到最后的关头。大家明白了吗？"

虽然暂时无法喝到水，但那"壶水"却成了大家穿越沙漠的信念源泉。因为大家都知道，这里还有一壶救命的水，到了最后关头，这壶水可以救大家的性命。在已经绝望了的队员们的脸上，都又露出了坚定的神色。依靠这壶水，大家战胜了自己恐惧的心理，凭借顽强坚忍的意志，终于走出了沙漠，挣脱了死神之手。他们得救了。

大家喜极而泣，用颤抖着的手拧开了那个支撑他们精神和信念的水壶。从水壶里缓缓流出的，不是水，而是沙子。

多么让人震撼的一个故事，可以说，如果没有那壶"水"，他们就有可能渴死在沙漠之中。但是，那壶"水"却支撑了他们求生的信念，让他们奇迹般地活了下来。是水重要，还是信念重要？都重要，但是显而易见，没有信念，他们无法活下去；没有水，他们却可以用信念支撑着活下去。信念的力量，就是这么不可思议。

在很多时候，我们往往只注重外界环境对我们的影响，却忽略了最重要的东西，那就是信念。或许我们有潜力战胜一切未知的困难，但是如果无法战胜自己，如果不能拥有坚定的信念，那么一切都只是枉然。当信念不复存在的时候，我们就会被欲望、困难、失望、恐惧等等因素牢牢掌控，就会如同风浪中的小船一样摇摆不定，无法向前。就算前面就是海岸，但如果无法继续向前，又怎么可以到达？

没有坚强的信念，才是我们最大的敌人。当我们在艰难的环境里茫然无措的时候，先想一想，要怎么才能战胜自己，拥有坚定的信念。

圣诞节那天，杰克在快餐店对面的树下站了整整一个下午。他抽掉了两包香烟，把烟蒂扔得满地都是，在烟雾里，他的眉头锁得更紧了。天气很冷，快餐店里也没有往常热闹，人们都匆匆赶回家过圣诞节了。“我的家呢？”他叹息一声，扔掉了手中的烟蒂，把右手伸进裤子的口袋中，紧紧地握住了一样东西。那样东西冰凉冰凉，却让他亢奋。他左手在胸前画了个十字，然后悄悄向那家快餐店走去。

正在这时候，从旁边的街区里走出一个小女孩，她卷曲的头发可爱地打着弯儿，小脸红红的，但洋溢着天真的笑容。她手里抱着一个芭比娃娃，蹦蹦跳跳地向杰克走来。杰克有些意外，下意识地停住了脚步。

小女孩仰起头，望着杰克，甜甜地笑了，她说：“叔叔，圣诞快乐！”

杰克猛地一愣：圣诞节了，这些年来，有谁记得给自己过一个圣诞节？好像没有，甚至连一句祝福的话，自己也从来没有听到过。

小女孩还在仰脸望着他，似乎在等着什么。他回过神来，对着小女孩笑了笑：“你好，圣诞节快乐！”

满足的微笑洋溢在小女孩的面上，她笑得更甜了。“叔叔，你能不能给我的孩子一份圣诞礼物？她也想收到礼物呢！”说着，小女孩指了指自己手中的娃娃。

他有尴尬，涨红着脸对小女孩说：“好的。可是……可是，我什么也没有啊！”裤子口袋里倒是有件东西，只不过，那件东西是无法给她的。

“你有的。叔叔，你可以给她一个吻啊！”小女孩快乐地说。

他弯下腰，吻了吻那个可爱的芭比娃娃，也吻了吻小女孩。小女孩的笑容更甜了，她很快乐。她对他说：“谢谢你，叔叔，你是个好人。明天会更好，明天再见！”

他就站在那里，呆呆地望着小女孩离去的地方，足足有五分钟之久。他的耳边还传来了小女孩的歌声，他的眼前还在浮现着小女孩可爱的笑脸。他喃喃地说道：“是的，明天一定会好起来，明天一定更好。”他离开了那个地方。

六年以后，一切都变了。他有了一个温暖的家，他的妻子美丽善良，他的孩子聪明可爱，就像当年那个小女孩一样。而他呢？他开了一家公司，成就非凡，而且他的慷慨和大方赢得了人们的尊重。他的生活，过得很美满。

又是一个圣诞节。在温暖的家里，在圣诞树前，他闭上眼睛，许了一个心愿。妻子端来了火鸡，笑着打趣他：“亲爱的，你在向上帝许什么愿呢？”

他笑了，对妻子说：“其实在六年前，我就已经不相信上帝了。上帝不能为我带来什么，所有的一切，都是我自己努力的结果。每年在圣诞树前许愿，我是在感谢一个小女孩，一个改变了我一生的小女孩。”

妻子很好奇，于是，他就向妻子讲起了这段故事。他说：“你知道，我以前进过监狱，并在里面待过一段时间。”

“是的，亲爱的，我知道，你从来没有向我隐瞒过什么。可是，那只是过去，你现在真的很棒。”

他充满爱意地看了看妻子，接着说道：“是的，那是过去。可是，当我刚从监狱里出来的时候，我的生活完全变了。我找不到工作，因为没有人愿意和一个从监狱里出来的人共事。就连以前的朋友也不再信任我，他们都躲着我，没有人愿意给我任何帮助和安慰。在那种情形下，我绝望了，认为自己的人生再也没有任何希望。于是，我打算报复这个冷漠的社会。那年圣诞节，也就是六年前的今天，我准备了一把枪，打算去抢劫一家快餐店。当时我只有一个念头，我要抢光店里所有的钱。”

妻子惊呆了，这件事，她从来不知道。她不可思议地望着杰克，大声说道：“杰克，你疯了！”

他苦笑了一下，嘴角轻轻抖着，那段时光，让他今天回忆起来依然全是苦涩。“没错，我想我是疯了。我想了很久，认为最多不过是被抓住，再进到监狱里。但是在监狱里，至少大家会平等，不会让我觉得绝望。”

妻子有些紧张，她紧盯着杰克，问道：“那后来怎么样？你怎么做的？”

他又笑了，但是这次不是苦笑，而是想起了一些开心的事情。“亲爱的，我当然没有去抢那家快餐店。就在我要做出下一步行动的时候，一个小女孩出现了，她就像天使一样，给了我最温暖的祝福。”他向妻子讲了那个故事，然后又对她说道：“知道吗？自从我从监狱出来以后，从没有人给过我像她那样温暖的祝福。”他变得激动起来，抓住了妻子的手，大声说道：“亲爱的，你知道吗？就是她的祝福改变了我的命运。”

“她对我说，‘明天会更好’，她使我忽然又有了生存下去的信念。她的一句祝福，让我所有的痛苦烟消云散，因为我知道了明天会更好。以前我从来没有这样一种信念，但是现在我有了，我战胜了自己。从那以后，每当遇到困难和无助的时候，我都会告诉自己，明天会更好。对全新生活渴望的信念支撑着我，让我走过了无数的困境，最终走到了今天。”杰克的眼睛湿润了，继续说道：“是她的祝福，给了我一种拼搏的信念，是这种信念改变了我的一生。”

妻子也紧紧抓住他的手，激动地说道：“让我们感谢她，祝福她吧！”

听起来有些不可思议吗？一句简简单单的祝福，改变了一个人的一生？是的，它可以。在这个故事里，那个小女孩的祝福已经不再是一句简简单单的祝福，它给了杰克一种信念，相信明天会更好的信念。正是有了这种信念的支撑，他才走过了最为艰难的日子，走向人生的成功。在没有小女孩的祝福之前，在没有坚定的信念之前，他不能干吗？当然不，他一直是他，他也想过上舒服的日子。但是，正是因为缺少了一种坚定的信念，他无法战胜自己，无法发挥出自己的潜能，差点败在了生活的战场上。是信念，给了他战胜自己的勇气，使他走出了困境，获得了新生。

工作中，我们倘若没有了坚定的信念，我们就会只剩下一颗软弱的心灵，遇难后退，遇险萎缩，那还怎么冲杀，怎么奔向目标？内心才是我们最大的敌人，我们必须战胜自己的内心，让内心强大起来，让自己拥有坚定的信念，才能坚如磐石地走向目标，走向成功。

信念是登上成功山巅的阶石，成功需要坚定的信念。只有拥有了坚定的信念，我们才不会因失败放弃拼搏；只有拥有了坚定的信念，我们才不会知难而退。其实说到底，有了坚定的信念，我们才有了战胜摇摆内心的力量，才有了走下去的勇气。

4. 骆驼走得慢，但最终能走到目的地

在沙漠里，一头骆驼在艰难地跋涉。虽然黄沙扑面，酷热难耐，但它还是在一步步慢慢地走着。它已经感觉到前方绿洲的召唤了，即便路途可能会很漫长，但却已经无法阻挡它热切的渴望。向着心中那片绿洲，它慢慢地走着，每一步，都会在沙地上留下一个深深的脚印。它也想更快一些到达目的地，可以吃些青草，喝些清水，然后美美地睡一觉。可是它却无法跑快，柔软的沙地让它每走一步都很艰难，炙热的骄阳使它体内的水

分越来越少。但是,它依然慢慢在向前走着,支撑它的,是找到绿洲的坚定的信念。

它能到达目的地,找到绿洲吗?它能!虽然走得慢,但只要不让信念随风而去,只要有坚定的信念,它就可以最终到达目的地。人生也是如此,只要拥有信念,用坚定的信念铸造出钢铁般的意志,我们就能到达任何想去的地方。但是请记住,当我们认定了自己要做的事情之后,一定要放手去做,就应该像那头骆驼一样,不受任何来自外界或者内心的干扰。我们要用坚定的信念来支持自己,使自己不被内心的脆弱所击垮。

一个有理想,有抱负的人,就不能惧怕理想的遥远,也不能恐惧抱负的渺茫。路程再长,那也只是脚下的一段距离而已,多走一些日子,多耗一些时光,多费一些气力,我们最终可以到达目的地,成向成功。可是如果我们没有信念的支撑,很有可能会半途而废。世界上有很多没有成功的人,他们可能最初的梦想也很远很大,如果坚持走下去,必定也能成就非凡。可是他们却最终没有成功。我们知道这是为什么吗?他们可能是在路上遇到了困难,遭受了挫折,在这些外来因素影响下,他们忽然觉得前路太过漫长,太过坎坷,似乎看不到目标,于是他们半途而废了。对,他们正是放弃了。因为没有必胜信念的支撑,所以他们放弃了。停止了前进的脚步,也就等于停止了走向成功。可以说,如果没有坚定的信念,再有才能的人,也无法走向真正的成功。

在职场上,我们身边的事情太多,我们每天都要按时上班,都要同那些认识或者不认识的人打交道。这个世界太纷扰,太嘈杂,有太多影响我们的因素。有人说:哎呀,你的那个目标根本无法实现,太远了,放弃吧!还有说:你给自己的压力太大,其实不需要那些努力,目标实现不实现,你不还是一样拿工资?而我们呢?在很多时候,也会觉得睡懒觉确实要比起早贪黑舒服得多。于是,我们打算半途而废了,坚持了一个月的学习计划,就此中止;努力做了两个月的工作,就此夭折。如此,我们能成功吗?不要说成功了,没有坚定信念的支撑,我们甚至很难在职场里做出小小的成就。坚定的信念能带给我们什么?很简单,就是一种坚持做下去的力量。但就是这种力量,会让我们的内心强大起来,不受外界或者自己内心的影响，坚定不移地走向目标。而那里，就有我们想要的成功。

电视剧《士兵突击》曾经风靡一时，故事中主角人物许三多的故事感动了无数观众。他是一个什么样的人？恐怕所有的观众都会有这样一个印象：他是一个比骆驼走得还要慢的人。无论是小时候在村子里，还是走进部队，他都是一个憨厚中带着傻气的孩子。但吸引观众的并非是他的傻气，而是他那坚如磐石般的信念。虽然笨，虽然走得慢，但是当他走向自己目标的时候，脚步却又是那样的稳健。他那坚定的信念告诉他："不抛弃，不放弃！"他真的做到了。可以说，是坚定的信念支撑着他稳定而又坚实地走在自己的人生路上。所以，他成功了，或许光芒并不耀眼，但却开出了最美丽的生命之花。

我们有坚定的信念吗？在很多时候，也许并非我们不想走快，但由于自身的能力，或者环境等因素的影响，我们只能慢慢地，前进的人生的路上。前面的路还有很远，就像许三多一样，梦想离他一样很遥远。但是，我们始终相信，只要用坚定的信念来支撑着两只脚，我们最终可以走出那让人窒息的困境。

在佛的眼里，一切都只是过眼云烟，我们不是佛，所以只能认真仔细地活在当下，活在人生路上。在职场这片里，我们更是必须执著地走向目的地。如果不能，等待着我们的，将是最严酷的命运。怎样执著地走向目的地？或许内因外因都有很多，但是信念的重要却不言而喻。有了坚定的信念，在最恶劣的环境面前，我们依然可以强大起来，昂首阔步地走向成功。

在美国纽约，有一个名叫亚瑟尔的年轻警察。在一次追捕行动中，他遭遇到了意外，被歹徒用冲锋枪射中了左眼和右膝盖。三个月后，他从医院里出来，但是整个人生却完全改变了。一个曾经高大魁梧，双目炯炯有神的阳光小伙子，变成了一个又跛又瞎的残疾人。

照理说，他的生活应该陷入无尽的黑暗之中。可是，事实却并非如此，他并没有因此而消沉，而是积极地投入到了抓捕那名歹徒的行动之中。无论任何人反对都没有用，在他心里，那个目标已经成为支撑他走下去的信念。

他开始东奔西走，寻找有关歹徒的线索。他几乎跑遍了整个美国，甚至为了一个微不足道的线索，独自一个人乘飞机去过欧洲。但是，大海捞针，谈何容易！时间一天天，一月月，一年年过去，他始终一无所获。他用信念支撑着走的这条路，太过漫长而又曲折。可是，他始终相信，终有一天，自己能实现目标，抓到歹徒。

终于，九年后，在他的帮助下，歹徒在亚洲某个小国落网了。他的目标实现了！在庆功会上，他再次成了英雄，许多媒体争相报道，称他是全美国最勇敢最坚强的人。然而，让所有人都没有想到的是，这位“全美国最坚强最勇敢的人”，在半年以后，却在卧室里割脉自杀了。

他留下的遗书，向人们揭示了他自杀的真实原因：“这些年来，让我活下去的信念就是抓住凶手……现在，伤害我的凶手被判刑了，我的仇恨化解了，生存的信念也随之消失了。面对自己的伤残，我从来没有这样绝望过……”

信念是人生征途上的一颗璀璨明珠，既能在阳光下熠熠发亮，也能在黑夜里闪闪发光。只要拥有信念，我们永远不会迷路，哪怕路途再遥远，也能安然到达。那位名叫亚瑟尔的年轻警察，九年如一日，拼命追捕歹徒，最终得偿所愿，不正是信念支撑的结果吗？那条路显然既曲折，又漫长，而且看似不知终点在何方，但是他依然坚持走了下去，只因为那坚定的信念。同样，他的自杀，也是因为没有了活下去的信念。在很多时候，信念不仅能使人坚强，更能使人强大。一旦缺少了信念，很可能等着我们的就是悲惨的命运。当然了，也许有人会说：“我们不会像亚瑟尔那样去自杀。”但是，朋友们，如果害怕路途遥远，没有了奋斗的信念，我们的人生和自杀又有什么区别？

在职场中，我们有害怕路途遥远，畏惧路途艰辛的时候吗？当目标看似太过遥远时，我们应该怎么做？还是那句话，不要怕路途遥远，不要畏惧路途艰辛，我们要用坚定的信念，武装起我们的内心，让内心强大起来。如果可以这样，我们还会畏惧什么？

骆驼走得慢，但只要有坚定的信念，终能走到目的地。

5. 坚定信念，让我们内心坚如磐石

蒲松龄曾经说道：“有志者，事竟成，破釜沉舟，百二秦关终属楚；苦心人，天不负，卧薪尝胆，三千越甲可吞吴。”这些话掷地有声，充满了豪言壮志，使我们今天读起来，仍然心潮澎湃，壮志满怀。在自信心被引发得膨胀起来的时候，我们可以思考一个问题：为什么“有志者”，方能“事竟成”？

“有志者”其实囊括了两个方面的意思：一是有目标；二是有信念。这也就是说，只有拥有坚定的信念，坚信自己一定能够达到目标，我们才有实现目标的可能。目标对于我们的重要性自然不言而喻，在这里，我们还是只谈信念。松下幸之助曾经说过：“在荆棘道路上，唯有信念和忍耐能开辟出康庄大道。”信念的最大作用是，可以让我们的内心坚定，不软弱，不脆弱，向着目标，以刚强之姿勇敢而去。

那么如果没有坚定的信念呢？很显然，如果没有坚定的信念，我们的内心将无法强大起来，将无法坚定不移地向着目标奋进。那么，成功自然也会变得遥不可及。

有一个女孩，在一家工程公司做秘书。

秘书工作，显然并没有太大的前途，因为这份工作没有什么技术含量。所以，这位女孩的工作就非常轻松。她每天的主要工作，大致就是听电话，收发传真，打印复印一些文件，然后端茶送水，还有就是给领导拎拎包之类。这份工作虽然轻松，却也让她倍感无聊。于是，她总想着换份工作。

换什么工作呢？她喜欢文字，所以渴望朝着文字工作的方向发展。她偶尔会写一些文章，但却总感觉不是很满意。正好，机会来了，她通过朋友认识了一位小有名气的作家，表明想法以后，作家居然答应会帮助她。这一下，她喜出望外，瞌睡的时候真好遇到枕头，怎能不让她欣喜若狂？她表现得非常热情，经常发邮件给那位作家，希望对方能帮助她快些走上写作之路。

她曾经这样对那位作家说："即使不要稿费也可以，我只希望自己快点转行。"她的愿望真的很迫切，热情的程度让作家都有些动容。作家看了她的一些文章，对她说，如果可以坚持下去，她一定能在文坛上有一番作为。她笑了，笑得很灿烂，仿佛在明天，自己已经是一个作家。

作家告诉她一些写作的技巧，并鼓励她慢慢来。不久，在作家的指点下，她写出了第一次书稿。因为是第一次，效果并不理想。作家认真地看完，给她提出了一些意见，然后告诉她应该如何修改。她点头称是。

遗憾的是，她的脚步慢了下来，很少有时间写作了。直到一年以后，她还是在自己的岗位上，做着原来的事情。有时候她会很忙，有时候却会很闲。闲的时候，她也想写写书稿，可是坚持不了多久，便又停笔不写了。那本她在修改的书稿，一直没有改好。

也许，当她进入写作的时候，发现写作并非自己想象的那么容易。一部书稿，就将她完全打败。她有工作，有时候会很忙，所以她也有不再坚持写下去的理由。可能对于她来说，写作的难度有些太大，而自己又没有任何经验，所以一旦失败了一次，恐惧就开始笼罩着她。她止步了，不愿意再向前走。

所以，一年之后，她还是在从事着一份自己厌倦，又琐碎的工作。一年前的困惑，她始终没有摆脱。

为什么会这样？很显然，她没有坚定的信念。她认准了一个目标，却没有一定实现的信念。结果是，她的内心像泥巴一样软弱，稍微一点外界的压力，就把她打回了原心。我们很难想象，她最终从一个秘书转行做一个作家会是什么时候，或许是二年，或许是三年，或许是十年，更或许，她一辈子也无法成为一个真正的作家。如果，她总是没有坚定的信念的话。当然，倘若有了坚定的信念，她就会一改往日三天打鱼，两天晒网的颓废状态，一门心思地向着自己的目标前进。也许会成为一位知名作者。前提是，她必须要有坚定的信念。

一个没有信念，或者信念不坚定的人，注定只能平庸地过一生，注定只能是职场中的“平民”。而一个有信念，或者信念坚定的人，他们的内心世界会坚如磐石，永远不会被任何困难，任何风浪所击倒。信念的力量是惊人的，它甚至可以改变任何恶劣的现状，取得最好的结果。

《哈里·波特》是一个奇迹，它风靡了全球，成为无数儿童和大人的最佳伙伴。当然，它的作者和编剧乔安妮·凯瑟琳·罗琳成为了英国最富有的女人，她所拥有的财富，甚至比英国女王还要多。她为什么可以在事业上取得如此骄人的成就？原因无它，只在于她坚持了自己的信念。她曾经有过一段非常落魄的历史，是信念拯救了她，使她走向了成功。

罗琳从小就非常热爱英国文学，热爱写作和讲故事。虽然后来生活几经波折，但她却从来没有放弃过自己的梦想。大学时，她主修了法语，这也为她后来从事文学创作奠定了基础。

她有过一段非常不幸的婚姻。在葡萄牙发展的时候，她认识了一位记者，并与其结婚。但是，婚后她才知道，自己的丈夫简直就是一个魔鬼。他经常会无缘无故地殴打她，并不顾她的苦苦哀求将她赶出家门。很快，这段婚姻就走到了尽头，她带着只有三个月大的女儿回到了英国。

在英国，等待着她的，依然是悲惨的命运。因为没有钱，她只能栖身于爱丁堡一间没有暖气的小公寓里。她没有工作，身无分文，身边还有一个嗷嗷待哺的女儿，要怎样才能生活下去？没有办法，她只有靠政府的救济金生活。但是那一点儿钱，只够养活女儿，而她自己，却只能经常饿着肚子。

家庭和事业的失败，并没有打消她工作的积极性。她有坚定的信念，这股力量支撑着她埋头创作。为了完成多年的梦想，她每天都要进行创作，而且还把自己编的故事讲给女儿听。她不停地写，有时候，为了省电省钱，她就到附近的咖啡馆里去写。她甚至可以在咖啡馆里待上一天，写自己新构思的故事。

可以说，是在女儿的哭声里，她的第一本《哈里·波特》诞生了。书中精彩的故事，吸引了很多读者，人们疯狂了。她的书，创造了出版界的奇迹，她的作品被翻译成三十五种语言，在一百一十五个国家和地区发行，引起了全世界的轰动。

她成功了。她从来没有远离过自己的信念，并用坚定的信念，为自己铸造了一颗强大的内心。即使生活再艰难，她也在用强大的内心支配着自己的行动，并慢慢走上了人生成功的巅峰。她一直坚信，自己一定会有事业成功的一天。

我们每个人都希望自己可以在事业上有所成就，可以攀上职场的最高峰，可是有希望就够了吗？如果内心不够强大，如果无法坚守自己的信念，那么高峰永远是高不可攀。更有甚者，会在攀登的过程中，因为信念不够坚定而失足落下来。倘若我们处于罗琳一样困境，是否还能有坚持下去的信念呢？这很难讲。但是，如果不能坚持下去，我们就无法享受成功的喜悦。

坚定信念，可以让我们的内心坚如磐石。在职场之中，我们总会被这样那样的环境所束缚，总会被这样那样的人所左右。当我们信念不够坚定时，眼里见的，心中想的，无不是两种可能：成功或者失败。这个时候，我们的内心就会处于左右摇摆的状态之中，我们会想，要不要坚持下去？失败了会怎么样？当这样想的时候，失败就有可乘之机了，使我们一败涂地。所以，无论任何时候，无论做什么工作，我们都不要让自己的内心左右摇摆，要使自己的内心强大起来。只有向着目标，坚信自己一定可以做到，我们才能排除万难，以大无畏的姿态，挑战困难，走向成功。

我们要使自己的内心强大起来，就要拥有一个坚定的信念。信念的前方，就是我们近在咫尺的梦想。

第六章

心态积极，阳光心态是力量之泉

每个人都随身携带着一种看不见的法宝，它的一面写着“积极心态”，另一面写着“消极心态”，怎么用，全看我们自己。亮出“积极心态”的一面，我们就能享受阳光，看到彩虹；亮出“消极心态”的一面，我们只能埋怨风雨，走上泥泞。所以很多时候，我们总是希望自己能有一个积极的心态，以便领略人生路上的更多风景。当然，选择了积极心态并不代表否定了消极因素的存在，我们只是学会了不让自己沉溺其中。在漫漫人生路上，阳光心态是力量之泉，可使我们的内心充满强大的力量，走出困境。

1.

入地狱还是进天堂

在我们心中，有两扇门，一扇通向地狱，一扇通向天堂。打开通向地狱的门，我们会看到什么？泥泞、烦躁、困难、悲观、失望等等，一切让人止步不前，让人心灰意懒的负面东西，在“地狱”里都能找到。那么，打开通向天堂的门，我们又能看到什么？彩虹、平静、方法、乐观、希望等等，一切让人大步前进、焕发生机的东西，在“天堂”里都能找到。对比如此明显，那么在这两扇大门前，我们是要入地狱还是进天堂，选择全然在于我们自己。因为这两扇门的钥匙，都掌握在我们手中。不，应该说是掌握在我们心中。

在人生路上，我们有权力选择自己的心态，选择积极心态或者是消极心态，全然在于我们。

在这里，我们先要明白一个名词：什么是心态？顾名思义，心态就是心理状态。世界上任何东西都有两面性，心态也不例外，所以就有了积极心态与消极心态之分。镜子有两面，一面能反射阳光，一面则不能。积极心态和消极心态就类同于镜子的两面，积极的心态能接纳阳光，反射阳光，让周围的一切都灿烂；而消极心态则不能，它拒绝阳光，始终让自己处于黑暗之中。正因为如此，所以积极心态一直是很多人的追求。我们也明白消极心态能让我们进“天堂”，而消极心态会让我们入“地狱”，所以我们一直在追求积极心态。可是，即便选择权在我们，转换心态容易吗？镜子能轻松地从一面转向另一面吗？答案是否定的。当一些不愿看到的事情或者不好的结果无可避免地到来之时，我们会不由自主地打开了心中消极的那扇门。而这扇门一旦打开，想再将其转换为积极心态，可就有些难了。

难归难，但是却还可以转换，只要学会了转换想法，转换心态其实也就水到渠成了。但是，在职场江湖中拼搏，我们最想不让自己的心态有处于消极的机会。这也就是说，在心中那两扇大门前面，从一开始我们就选择“积极心态”的大门，把消极心态扔在一边。只有如此，在职场中我们才会少了被消极心态所左右的机会。

入地狱还是进天堂，选择很重要。无论什么时候，我们都要调整好自己的心态，从容不迫地走进“天堂”之门，那么等待着我们的，将会是一片灿烂的天空。

上世纪五十年代，曾经发生过这样一则真实的故事：北方某大医院里，同时来了两位患者。这两位患者来的目的一样，都是请医生检查身体。这是为什么呢？因为他们都怀疑自己患有肺结核病。在那个年代，肺结核可是一种相当严重的病。

医生为他们分别做了仔细的检查，化验结果很快出来了，其中一个人确实是患了肺结核病，而另外一个人，则只是由于感冒引起的呼吸道感染。事情本来到此就应该结束了，患肺结核的病人住院治疗，而呼吸道感染的病人拿点药就可以走人了。可是，医生在这个时候却犯了一个严重的错误：他把两个病人的化验单填错了。他把那个患有肺结核病人的化验单上，写着“感冒引起呼吸道感染”；而在那个因感冒引起呼吸道感染病人的化验单上，却写着“患有肺结核”。

本来吗，黑的白不了，白的也黑不了，“路遥知马力”，一个人有没有患有肺结核病，日后自然会有分晓，医生填错了并不代表那病就会真的跑到正常人的身上。可是这件事的结果，却是大大地出人意料，那两张小小的化验单，却导致了两种不同的结果。

那个真正患有肺结核病的人，拿到化验单后欣喜若狂，认为自己身上没有肺结核病，压在心头多日的大石终于被一脚踢开。在不知不觉中，他打开了心中“积极心态”的大门，心情一天比一天好。积极的心态唤醒了他的免疫功能，他的抵抗力与日俱增，那种人人害怕的肺结核病，在两年之后居然不药而愈。而另一个人呢？他虽然没有真正患上肺结核病，但医生的一张化验单，却让他打开了心中“消极心态”的大门。一下子，他走入了“地狱”，心里老认为自己患了肺结核病，早晚是个死。所以，他看什么都是失望，做什么都是悲观，一点提不起战胜“病魔”的劲头。结果是，他因为过度担忧而导致免疫力下降，两年后真的感染上了肺结核病。又过了两年，他就一命呜呼了。

很有意思的一个真实故事。在这个故事，谁治好了肺结核病人？又是谁，害死了那位只是呼吸道感染的仁兄？虽然那位糊涂的医生有责任，但最终导致这一情形的，却是他们自己。在他们的内心里，一个人选择打开了“积极心态”的大门，另一个人则选择打开了“消极心态”的大门。所以一个进了“天堂”，享受美好人生；而另外一个则入了“地狱”，在恐慌中死去。心态的力量很强大，强大到让人不可思议。但是别怕，枪可以杀人亦可以救人，只要我们能够好好打开“积极心态”的门，那种强大的力量就会成为我们攻城略地的强有力后盾，帮着我们翱翔于职场江湖。

杯子里有半杯酒，看着杯子，我们可以想：唉，只有半杯酒了，喝完就没有了。当然，我们还可以想：真好，我还有半杯酒，还可以继续品尝美酒。是不是，同样的一件事，关键是看我们怎么想。拥有积极心态或者是消极心态，全在于我们看事情的角度。很多事情，只要变换一下角度，站到另一个方向去思考、去揣摩，我们就会发现，原来这事还可以这么乐观。乐观点有什么不好呢？虽然事情没变，但我们心情变了，情绪变了，做事情的劲头也变了。有科学研究证明，积极的心态可激发高昂的情绪，积极的情绪可激发脑啡的分泌，而脑啡又能帮助大脑过滤痛苦、克服忧郁、战胜恐惧、消除紧张，凝聚顽强的意志和力量。而这些，都是我们取得成功的必要因素。

选择入地狱还是进天堂，全在于我们怎么想。我们要想使自己的内心强大起来，就需要多给自己一些正能量。积极点吧！换个角度看，原来生活如此美好！

2.

拂去心灵上的灰尘

人与人之间本身并无太大的区别，真正的区别在于心态。有位哲人曾经说过："你的心态就是你真正的主人。"这话说得一点儿不错，积极的心态可使我们乐观豁达，奋勇向前；而消极的心态则会让我们消沉懈怠，陷入低谷。正是在不同心态的驾驭下，人与人之间才会出现"两极分化"，有人快乐地前进，亦有人颓废地消沉。那么，为什么人与人之间，在心态上会出现如此大的差别？一张桌子，如果不时时用干净的抹布擦拭，就会布满灰尘。那些总是让消极心态驾驭自己人生的人，就是忘记了拂去心灵上的灰尘。

有人会说："心灵上也会有灰尘吗？"当然，心灵上会落上灰尘。我们觉得工作枯燥吗？会觉得工作让人很不耐烦吗？会对领导的安排有诸多不满吗？会因为自己不能升职对公司怨言很深吗？所有的这些，都是我们心灵上灰尘的来源。想想看，刚开始觉得工作有点枯燥，我们不去"擦拭"，枯燥感就会越来越强烈；工作就是重复，当这些重复让人很不耐烦的时候，我们不去"擦拭"，结果不耐烦就变成了厌烦；领导安排工作，我们推三阻四，一次两次之后，这种习惯就会加重，就会对领导出现排斥心理；不能升职，我们开始怨恨公司，如果我们不去"擦拭"的话，这种感觉就会由浅到深，终于无法控制。

其实从这些我们已经可以看出，在"灰尘"刚刚落到心灵上时，如果肯去“擦拭”，拂去这些“灰尘”，那么我们的心态还会积极，还能够积极快乐地面对工作。可是，我们终于没有“擦拭”，让这些“灰尘”落在了我们心灵之上，越积越多，越积越厚。当这些“灰尘”越来越多时，我们的心态变会变得消极起来。我们为什么会讨厌自己的工作？为什么会反感领导的安排？为什么会痛恨自己的公司？原因大致就在这里，是我们的心灵上沾满了灰尘，变得消极起来。

身在职场，很多人都会有这样的体会，或许我们也曾经有过。我们想要使自己的内心强大起来，就不能让心灵沾满灰尘。拂去这些灰尘，拥有一个积极的心态，让自己的内心强大起来，才是我们最需要做的。

小赵在一家公司做文秘工作，她的工作很简单，主要就是给客户回复一下电子邮件。这项工作的简单之处在于，客户提出的问题都大同小异，所以需要回复的内容也都几乎相差无几。公司领导锐意改革，更是为此专门制定了一个邮件模板，给客户回复电子邮件时，只需要按照固定的格式填写一下不同的抬头和时间即可。

简单的工作也会让人心生厌烦，小赵现在已经开始厌烦自己的工作了。为什么呢？原来随着时间的推移，她刚开始工作时的热情已经悄然消退，取而代之的是倍感无味。的确，这样的工作不仅枯燥，而且没有一点儿技术含量，随便拉来一个小学生教上两天，就能轻松胜任。在这种情形下，她对工作的感觉也慢慢发生了变化，从感觉还行到感觉枯燥，从感觉枯燥再到感觉厌烦，然后再到沮丧。现在，她对自己目前的工作感觉非常沮丧，根本提不起一点儿工作的兴趣。

她的心灵开始堆积灰尘，而她自己却不知道，更不用说经常“擦拭”了。

随着公司规模的扩大，她的业务量也开始增加，渐渐地，她已经有些忙不过来了。为了缓解她的工作压力，公司又招进了一位孙姓员工，和她做同样的工作。她看着那位满怀期待的新员工，不禁皱了皱眉头，心想："看你现在高兴，过几天，你就知道这工作有多烦人了。"

一个月后，她没有发现那位新进员工有从任何不耐烦；两个月后，她发现那位员工依然做得不亦乐乎；半年之后，她发现那位员工依然是精神抖擞。这下，她开始有些惊讶了，于是好奇地问对方："小孙，你不觉得咱们这工作很枯燥吗？整天做这种没技术含量，没有新鲜感的工作，你不会觉得厌烦吗？"

对方笑着回答："没错，这工作的确是很枯燥，做久了就会让人厌烦。可是，我却在控制着自己，不让枯燥的感觉滋生，不让厌烦的感觉发芽。"

她有些奇怪："你是怎么做的？"

对方回答说："很简单，既然会感觉枯燥，我就想办法让工作变得不再枯燥起来。如果工作变得新鲜而富有挑战性，那么做久了也不会感觉厌烦啊。为了不使工作枯燥，我不再使用模板里的统一内容，而是针对不同客户回复不同内容的邮件，把每一封回信都当成了一次练笔的机会。如此一来，我就不会感觉工作重复和单调了，因为每一封邮件的内容各不相同。对于每一封邮件，我都尽心尽力地去写，想象着自己能够打动客户，这多有意思呀。真的，已经有客户在夸我文笔好了呢！"

对方回答时，满脸洋溢着自豪的表情，很显然，客户的夸奖让她很有成就感。

"可是，如果每封邮件你都这样回复，工作进度会慢上很多，那怎么办？"她接着问道。她总想找一些理由，可以使得对方有理由"厌烦"工作。

"这个，当然没有问题了。我可以合理安排自己的工作时间，只要抓紧时间，工作效率一样不低。而且，'抢'时间给客户回复电子邮件，是一件非常有意思的事。"

她听了，不以为意，觉得对方是在跟自己过不去。她在想："干嘛跟自己过不去呀！既然能拿同样的工资，何必要让自己这么累?”所以,她依然按照自己的方式,不紧不慢地做着工作。她草草地回复客户的电子邮件,悄悄地玩着游戏,对工作依然充满了厌恶的感觉。一年过去了,她还在重复着同样的事情,而那位孙姓同事,却被上司提拔为部门主管。上司升其职位的原因很简单,因为她那些生动活泼的邮件,为公司拉来了不少客户。

看了这则故事,我们会作何感想?为什么同样的一份工作,在不同人的手中,就会呈现出不同的色彩?而完成的漂亮程度也有所不同?小赵就是一个不注意“擦拭”心灵灰尘的人,在刚开始感觉工作枯燥的时候,她没调整自己的心态,而是让自己的负面情绪越积越多。最终,她的心灵上落满了灰尘,心态变得消极起来。在这种心态下,她的工作就变成了应付了事,没有激情,没有动力,只能疲惫地重复着自己厌烦的事情。如此,她能漂亮地做好工作吗?显然很难!而小孙却是一个常常主动“擦拭”心灵灰尘的人,对于枯燥工作带来的负面情绪,她会想方设法地剔除。工作枯燥吗?那就找方法,让工作变得不再枯燥起来。怎么做,怎么想,完全掌握在我们自己手中。

无论是在生活中,还是在工作中,千万不要使自己的心灵上落满了“灰尘”。当有“灰尘”无可避免地落在心灵之上时,我们要想尽一切办法“擦拭”,要拂去心灵上的灰尘。人的内心世界可以很大,也可以很小;可以很强,也可以很弱。当“灰尘”过多时,我们的内心世界就会变得很小,很弱,就会变得消极起来。而消极,则往往会为我们带来不可估量的负面影响,甚至会为我们带来致命的伤害。

所以,我们要常常“擦拭”自己的心灵,拂去心灵上的尘土。别让尘土堆满了我们的内心世界,那样只会让我们更加消极,更加弱小。

3．用积极打败消极

人生是一连串不如意的旅程，同样的路有不同的走法。可不是吗，同样一段曲折的道路，有的人虽历尽千辛万苦，但昂首阔步地走了过去；有的人却走走停停，瞻前顾后，结果一直愁眉不展地停在了原地。不一样的走法，最终导致了不一样的结果，在这里起关键作用的，还是心态。在很多时候，我们无法根除消极情绪的到来，但是却可以积极来打败消极。

是的，面对生活和工作中的不如意，当消极心态出现的时候，我们要学会及时调整自己的心态，就算心态一时半会儿调整不过来，也要尝试着从积极的一面看待问题。当积极心态在我们内心生根发芽的时候，我们就可以用积极心态来打败消极心态。不要小瞧了内心这一场小小的战争，我们能否在事业上取得成就，往往起主导作用的，就是这一场小小的战争。但请记住，一定是用积极心态战胜消极心态，如果不能够，我们只能沉没在职场江湖的大潮之中。

古时候，有两个秀才一起去赶考，走在半路上，他们遇到了一支出殡的队伍。出殡是什么？就是送丧，看到一口黑乎乎的棺材被人抬着从对面过来，两个秀才的脸都黑了下来。多晦气啊！正急着去赶考呢，当然想要有个好兆头，这下可好，好兆头没来，“送丧”的却来了，还能考好吗？两个秀才的心都是七上八下，情绪大落。

出殡队伍都过去很远了，其中一个秀才还在不住地长吁短叹，他一个劲地念叨：完了完了，真触霉头，赶考的日子居然碰到了这倒霉的棺材，这场考试必定无法考好，一定会考砸。另一个秀才心里也不是滋味儿，也是一个劲地琢磨自己为什么会这么倒霉，可是猛然间他忽然想到：为什么这么悲观？遇到棺材并不一定会是走霉运啊！棺材，棺材，不是谐音“官”和“财”吗？既能升官，又能发财，这是多好的兆头啊。这样一想，他的心情就轻松得多了。

结果怎么着？前一个考生，情绪一直低落，心态极为消极，好像是早已注定好了，必定会名落孙山，结果他真的文思枯竭，名落孙山。后一个考生，由于用积极心态战胜了消极心态，结果情绪高涨，走进考场时文思泉涌，果然一举高中。

我们能说，那个落榜的秀才一定“无才”吗？当然不是！他并非没有才，而是没有一个良好的心态。当遇到能影响心态的事情时，他让消极心态引导了自己，所以一直带着悲观走进了考场。他当然无法考好，消极的心态注定了他只能是“发挥失常”。而另外一个人呢？他很聪明，当遇到能影响心态的事情时，他聪明地采取了一个“围剿”战术。他有了消极心态，但却可以果断地从另一个方面重新看待问题，让自己也同时有了积极心态，并用积极心态打败了消极心态。所以呢，他是用积极的心态走进了考场。当然，他可以“超常发挥”地考好，也就不足为奇了。

无论任何时候，我们都要重视内心积极心态与消极心态之间的战争。我们要学会想方设法，让积极心态战胜消极心态，让积极心态主导自己的一切行动。如果可以做到这些，那么那些由沮丧、悲哀、痛心、寂寞、内疚、懊恼、愤怒、恐惧、焦虑甚至绝望等等不良情绪带来的消极心态，就可以被我们的积极心态消弭于无形。只要始终让积极心态在我们的内心世界里占据主导地位，我们就可以走出一切厄运，赢得新生命。

刚刚参加工作的小伙子乔治经常会为很多事情发愁。他常常为自己犯过的小错误自怨自艾；每次交上策划方案后，他常常会半夜睡不着，害怕老板对自己的方案嗤之以鼻；工作中遇到一点小问题，他都会唉声叹气，发愁怎样才能找到更好的解决方法；和同事闹了一点小矛盾，他也会怀疑，是不是所有的同事都在背后指指点点。他总是会想起那些做过的事情，希望当初没有这样做；他总是会回想那些说过的话，后悔当初没有将话说得更好。

所以，在公司里，他总是愁眉不展。他的工作效率很低，以至于老板频频找他谈话，希望他做事情的时候可以专心一些。可是，他已经很专心了呀！可是却总做不好，又有什么办法？

一天，当老板又对他进行指责的时候，他实在忍不住，便把自己的苦恼告诉了老板，那个可敬的小老头。老板静静地听着，一言不发。当他讲完之后，老板站起身体，把手中的茶杯放在桌子边缘。

他怔怔地看着老板，不知道对方想要做些什么。

老板用盯着他，认真地说："你看到了吗？"然后猛地一伸手，把桌边的茶杯推到了地上。一声清脆的响声，那个漂亮的杯子在地上摔得粉碎。"看到了吗？"老板笑着对惊愕的他说道："不要为掉在地上的杯子哭泣，即便这杯子是如此漂亮，也不要哭泣。你一定要记住，就算这杯子再漂亮，就算杯子里面的茶水再甘甜，但是当它掉到地上碎掉的那一刻，所有的美好已经不复存在。你再着急，再抱怨，再回忆，这些东西都已经没有了，不能补回来一点。你可能心疼这个漂亮的杯子，但你能做的，最多是再买一个同样漂亮的杯子，除此之外别无他法。"

老板的话让乔治豁然开朗。是啊！当不好的事情发生时，为什么要让自己的心态一直处于消极之中？再难过，再后悔，再抱怨，再叹息，事情已经发生了，已根本无法改变。唯一可以改变的是自己，寻找一些可以使自己变得积极的东西，然后，用积极心态去战胜消极心态，才是解决事情的最好方法。

他调整了心态，每天开始习惯性地用积极的眼光，去看待工作中遇到的任何事情，他学会了用积极心态去战胜消极心态。结果，他的心情变得开朗起来，不再唉声叹气，不再悲观失望，而是对任何事情都抱有乐观向上的态度。他开始快乐地工作，快乐地和同事相处，工作效率也得到了很大的提高。

有位哲人曾经说过："能看到每件事情好的一面，并养成一种习惯，还真是千金不换的珍宝。"当然是珍宝，无论在任何地方，积极的心态，都是一种最难得的珍宝。但遗憾的是，在生活工作中，我们往往很难养成积极的心态。当各种各样问题来的时候，我们总是不由自主地会让自己的心态消极起来。怎么办？通过战争。每当这些时候，我们要在内心世界里举行一场天人交战，让自己的积极心态去战胜消极心态。唯有如此，我们才能用这些珍宝，为我们开辟前进的道路。

积极的心态可以使我们的生活按照自己的想法发展，没有积极的心态就无法成就大事。所以请记住：心态是我们自己唯一能够掌握的东西。我们应该练习控制心态，学习用积极心态战胜消极心态。就算这场战争很难，我们也要坚持到底，只有积极心态战胜了消极心态，我们的内心世界才能从沉睡中清醒过来，爆发出强大的力量。

4. 抱怨是弱者的标签

在工作中，我们有过抱怨吗？如果以前有过，现在还有，那就证明我们是一个内心懦弱的人；如果以前有过，现在没有了，那就证明我们的内心世界已经慢慢强大起来。抱怨是一种消极的心态，也是弱者的标签。

面对同一份工作，有的人奋进，有的人抱怨；面对同一种待遇，有的人愉快接受并立志改变，有的人则消极排斥抱怨不断；面对同一次失败，有的人重新出发，斗志昂扬，有的人则站在原地，抱怨上天不公；面对同一个高远目标，有的人慢慢积蓄力量，不断靠近，而有的人则羡慕地盯着别人，抱怨道："唉！这人生，真是太残酷！"

怪人生吗？不怪！怨命运吗？不怨！原因其实还在我们自己身上，只因为我们内心懦弱，只因为我们心态消极，只知道消极抱怨，不懂得积极追求。这，才是真正的原因。在工作中，真正的不公能有多少？我们又能改变多少？抱怨的目的是什么？工作中看似不公平的地方很多，但仔细推敲起来，原来只有一个，那就是自己的内心不够强大。我们之所以会抱怨，无非是想让别人同情自己，安慰自己。可是，我们应该知道，如果心态无法积极起来，如果无法奋勇直前，再强烈的抱怨都无济于事。

我们有什么好抱怨的呢？比尔·盖茨曾经说过："如果你陷入困境，不要尖声抱怨错误，要从中吸取教训。"抱怨只会让我们沉沦在消极的心态之中，与其抱怨浪费时间，浪费精力，倒不如用积极的心态去面对困难，认真地找出原因，寻求走出困境的方法。如果遇到困难一味地抱怨，我们只能深深地陷在抱怨中无法自拔。想走出来吗？难！文化学者于丹说："少指责，少抱怨，少后悔，就在成功。"一点不错，只有弱者才会抱怨，而一个真正内心强大的人，则会停止抱怨，积极地从困难中走向成功。

曾经有两个兄弟，他们生活在一个糟糕的家庭。他们的父亲，因为杀人而被判终身监禁，他们的母亲由于忍受不了这样的生活，偷偷跟着别人跑了。这两个兄弟，从此过着孤苦无依的生活。幸亏有邻居和社会好心人的捐助，他们才不至于流落街头。就是在这样的生活环境之下，两个年龄只相差两岁的兄弟，都慢慢长大了。

可奇怪的是，在生活环境一样的情形下，兄弟俩的人生却截然不同。哥哥好像就是父亲的翻版，从小就劣迹斑斑，后来胆子越来越大，恶习也越积越深。后来，他因为犯法而身陷囹圄，和父亲去了同一个地方。而弟弟呢，刻苦勤奋，聪明好学，从小就品学兼优，还考上了一所名牌大学，大学毕业后谋到了一份不错的职业。在公司里，由于突出的表现，他的业绩斐然，多次受到公司提拔和奖励。到后来，他成为这家公司的总经理，并有了一个幸福的家庭。

兄弟俩截然不同的人生引起了人们的好奇，当人们追问他们的人生为什么会有这么大的差别时，他们的回答却让人们震惊。因为，兄弟俩的答案居然一模一样。他们都说："在这样的在家庭里，有什么办法？"

很有意思，这句话放在哥哥身上，就成了抱怨。出生在这样的糟糕的家庭，拥有这样糟糕的命运，让他开始抱怨自己的人生。他说："生活在这样的家里，有什么办法？"言下之意是，之所以走到今天，责任全在家庭，而他只是一个无可奈何的受害者。他的心态是消极的，所以，他就消极地面对生活，面对人生。弟弟也说："在这样的在家庭里，有什么办法？"可是，从弟弟的所作所为，我们却可以看出，他并没有抱怨。他接受了家庭糟糕的事实，选择了用积极的心态来改变自己的命运。

结果，哥哥的人生很失败，弟弟的人生很成功。我们只能说，哥哥是一个内心懦弱的人，他的抱怨成了可以消极、颓废的理由，所以他可以理直气壮地放纵，使自己在犯罪的道路上越陷越深。而弟弟却在逆境中使自己的内心强大起来，他没有抱怨，而是积极主动地寻找真正改变自己人生的方法。他找到了，原来抱怨并不能改变什么，只有积极的心态才催人奋进，使人成长。

人生的境遇就好比是一个背包，我们既可以用它来装石头，也可以用它来将食物。装上石头，就会变成重负；装上食物，就会变成力量。当然了，人生的境遇我们无法选择，我们能选择的只有自己的心态。装上石头，抑或是食物，全在我们自己的掌握之中。千万不要抱怨，不要把自己贴上弱者的标签。

从飞机上走下来，艾伦停住了脚步。他知道，马上就会有出租车过来招揽客人，他需要坐出租车回到家里，美美地洗个澡，然后好好睡一觉。

果然，一分钟后，一辆出租车在他面前停了下来。出租车的司机下车，为他打开了后车门，然后递给他一张制作精美的宣传卡片，并微笑着说："您好，先生。我是保罗，我将您的行李放到后备箱去，您不妨看看我的服务宗旨。"艾伦有些吃惊，他之前乘出租车，可从来没有听说过这项服务。

他低头看了看那张卡片，上面写着："有友好的氛围中，将我的客人最快捷、最安全、最省钱地送达目的地。"

开车之前，保罗问他："先生，刚下飞机，想来一杯咖啡吗？我的保温瓶里有普通咖啡和脱咖啡因的咖啡。"他觉得很有意思，出租车上可以喝到热咖啡，简直闻所未闻。但是，他并不爱喝咖啡，于是笑着说："我不喝咖啡，只喝软饮料。"保罗又笑着说："没关系，我这里什么都有。不仅有健怡可乐，还有橙汁，您想来点什么？"他有些吃惊了，以至于有些结巴："那好吧，给我来一罐健怡可乐吧。"

保罗很麻利地拿出可乐，递给了他，然后对他说："当然，如果你想看点什么，我这里也有。《华尔街日报》《时代周刊》《体育画报》，我这里应有尽有。"一边说着，他随手又递过来一张卡片，"您想听音乐广播吗？这是音乐台的节目单，您可以挑选一下。"他有些发蒙，木然接过卡片，听着保罗耐心地询问车内空调的温度是否合适，提出到达目的地的最佳路线。

"保罗，你一直这样为客人服务吗？"实在忍不住，他提出了内心的疑问。保罗笑了笑说："不，其实我只是在最近这两年里才这么做的。之前，我也像其他出租车司机一样，大部分时间都心怀不平地整天抱怨。直到有一天，我听到广播里介绍励志成功学大师韦恩·戴尔博士出版的新书《心诚则灵》。戴尔是怎么说的？哦，对了，他说：停止抱怨，你就能在众多的竞争者中脱颖而出。不要做一只鸭子，要做一只勇敢的雄鹰。鸭子只会'嘎嘎嘎'地抱怨，不会采取什么积极有效的行动。而雄鹰，才会在芸芸众生中奋起高飞。"

这段话对保罗来说，如同醍醐灌顶，让他明白了很多道理。

他开始留心观察别的出租车，发现很多客人之所以不愿意乘坐出租车，原因无外乎这么几点：一是出租车太脏；二是司机态度恶劣。

他下定决心，要从抱怨里走出来，用积极的心态来赢得客人的喜爱。他展开了积极的行动，于是，出现了故事开头的那一幕。

保罗成功了吗？通过聊天，艾伦了解到，开始停止抱怨，用积极的心态面对自己的工作后，保罗的收入直线上升。仅仅第一个年头，他的收入就翻了一番。而在今年，他的收入可能会是以前的四倍。多么让人惊讶的数字！别的出租车拉客人需要碰运气，而保罗却不需要，因为很多客人都会打电话到他的手机预约。他周到的服务态度，吸引了很多的客人。

即便是开出租车，保罗是否成功了呢？当然！

抱怨是一种消极的心态，也是弱者的标签。抱怨会使我们意志消沉，也会使我们自甘堕落。在抱怨里，我们会被消极的心态所左右，只能生活在阴影之中，看不到希望的太阳。所以，在很多时候，抱怨会使得我们的内心懦弱无比，只会随波逐流生活，而忘记乘风破浪，奋勇直前。那么，总是抱怨的人生将会是什么样子的？可想而知！

不要让抱怨侵蚀了我们的内心。当我们沉浸在抱怨带来的短暂心理安慰中时，消极心理就会不知不觉地钻进我们的生命之果，开始繁育、蛀蚀香甜的果肉，最后抛下一个千疮百孔的空壳。如此，我们的内心还怎么能强大得起来？

5.

我们笑，世界也笑

全球最伟大的销售员乔·吉拉德曾经这样说过：“我要微笑着面对整个世界，当我微笑的时候，全世界都在对我微笑。”不错，我们笑，世界也笑。我们应该都会有过这样的体验：当我们心情好的时候，眼里看到的任何人都很好。就算是那些自己曾经讨厌过的人，这个时候看起来也没有那么讨厌了。不仅如此，我们还会感觉天比以前更蓝了，草比以前更绿了。总而言之，当我们心情愉悦的时候，仿佛所有的人和事，都在陪着我们一起开心。

但是，当我们心情不好的时候，就会感觉一切都很糟糕了。带着坏情绪，我们会感觉周围人的面色也不怎么好看。带着坏情绪，就算天本来是蓝的，草本来是绿的，我们也会觉得天气不好，草也不绿。没办法，心情不好，所有的一切，只能也跟着不好。

这也是心态问题，当我们心态积极的时候，就会感觉周围的一切都生机勃勃，充满阳光和希望；当我们心态消极的时候，就会感觉周围的一切都死气沉沉，到处是黑暗和失望。心态影响着我们，影响着我们对周围事物的看法。当然，也会影响周围事物对我们的回馈。想想看，当我们心态积极，觉得周围的一切都充满了生机和希望的时候，是不是也能从中吸取前进的能量？当然是的！我们觉得一切都好，就会源源不绝地从“一切都好”中吸取能量，促使我们前进。反过来，亦是如此。当我们心态消极，觉得周围的一切都充满了黑暗和失望的时候，我们就会被黑暗和失望包围以致吞噬。

既然如此，那么我们就应该学会调整自己的心态，学会用“笑脸”面对世界。如果可以这样做的话，那么世界将也会对我们微笑。一般来讲，人的心理状态是相对稳定连贯的。但是，这种稳定的心态因他人或者外界的影响会发生变化。所以，心态是可以调整的，积极的心态会转化为消极心态，消极心态也会转变为积极的心态。就算我们一时有了消极心态，但只要肯去积极转化，就能化消极为积极，变“哭脸”为“笑脸”。只要我们愿意，肯去调整，那么就可以微笑着面对世界。

在美国，有一位叫做露易丝的女士。她的生活很不如意，内心非常痛苦，经常会感到烦恼和郁闷。她感觉，生活对于自己来说已经不再是一种享受，而是一种负担，一种煎熬。为什么她会有这种感觉呢？

原来，她的丈夫是一名职业军人，她随着丈夫从军，从大城市搬到了军队驻地。军队驻扎的地方是在沙漠，所以她每天只能和那些士兵们一样，住铁皮房，与周围的印第安人和墨西哥人做邻居。因为语言不通，大多时候，她只能老老实实待在铁破房里，独自面对沙漠里特有的风沙与骄阳。

当地的气温很高，尤其是正午的时候，在仙人掌的阴影下温度就能高达四十五度以上。更让她无法忍受的是，她的丈夫奉命远征去了，只剩下她孤身一人，住在军营里，住在这让人难耐的沙漠之中。正因为如此，所以她经常愁眉不展，度日如年。她总是对自己说：“这样的日子，我该怎么过呢？”由于她无法改变自己内心的痛苦，所以她每天只能消极地面对生活，除了睡觉，就是坐在窗前发呆。她甚至感觉，如果再这样下去，自己可能会得精神抑郁症。

百无聊赖中，她写信给父母，诉说了自己目前的糟糕情况，希望可以回到家里。但是，当她读到父母回信的时候，却感到心情更加糟糕。原来在信中，父母既没有安慰她，也没有关怀备至地叫她赶快回去。信中只有短短的几个字，那几个字是：

两个人从监狱的窗户往外看，一个看到的是地上的泥土，另一个看到的却是天上的星星。

她不解，刚开始的时候非常失望，还有些生气。她觉得父母不理解自己，更不关心自己，只说了这么一句不痛不痒的话，有什么用？但是慢慢地，她从父母来信的几句话里，发现了自己的问题所在：她过去习惯性地低头看，结果只看到了泥土，还有沙子。为什么不抬头看看呢？抬头看看，也许就能看到天上的星星！她忽然理解父母信里的意思了，生活中不一定只有泥土，一定还会有星星。如果自己可以抬起头来，去微笑着欣赏星星，就一定可以享受这个星光灿烂的美好世界。

她是这么想的，也这么做了。

她开始变了，变得活泼开朗起来。她主动和印第安人、墨西哥人交朋友，结果惊喜地发现，原来当地的居民都十分好客和热情。以前，她总是以消极的心态去看待他们，觉得语言不通，沟通都很困难，又如何能够好好相处？但是现在，当她变得积极起来，用微笑去面对他们的时候，才发现他们都是如此的容易相处。那些人不仅和她做了朋友，还送给她很多珍贵的陶器和纺织品作礼物。

只有这些吗？不！当她可以微笑着生活的时候，发现一切都变了。她开始研究沙漠中的仙人掌，一边研究，一边做笔记。那些曾经近在咫尺的生物，给她带来了莫大的快乐。她从来没有想到，那些高大的仙人掌是如此的千姿百态，如此的使人沉醉着迷。在恶劣环境下，它们茁壮成长的身影，生生不息的精神让她心灵震撼！

沙漠里的风景多美啊！她开始欣赏沙漠里的日出日落，感受变幻莫测的海市蜃楼，游走于新生活带来的美妙感受之中。就连天上经常落下的沙雨，在她眼里也变得可爱起来。她享受这一切，感受到从未有过的快乐。她慢慢地找到了星星，真的感受到了星空的灿烂。她发现，一切都变了，变得不可思议，自己从来没有想到，沙漠里的生活居然可以如此快乐。

后来，她回到了美国，根据自己的亲身经历，写了一本书，名字叫做《快乐的城堡》。这本书一经出版，就引起了极大的轰动。

生活就是这样，我们用怎样的心态面对生活，就会得到生活怎样的回报。就像上述故事中的露易丝，她前后的生活判若两人，一个无限痛苦，一个不尽快乐，原因就在于心态的不同。我们可以想一想，她为什么会快乐？难道是那些曾经让她痛苦的环境改变了吗？当然没有！她所处的环境一直没有改变，沙漠、铁皮房、高温，还有语言不通的邻居，都没有改变。只是，她的心态改变了。调整了心态，微笑着面对生活之后，同样的环境却给了她不同的回报，一切都变得美好起来。只要选择了微笑，选择了积极，我们就可以收获微笑。

我们笑，世界也笑，生活就是如此。无论是在生活中，还是工作中，当我们遇到不满意的环境，或者不如意的事情时；当周围发生的事情让我们心情糟糕时；当我们想力求改变时，首先应该想到的是，最应该改变的其实是我们的心态。假如我们有一个积极的心态，那么所有的问题都将迎刃而解。积极的心态会让我们目之所及、手之所触到的都是积极的东西，这些积极的东西将会使我们充满自信、受人喜欢、知足常乐、精神抖擞、奋勇直前。

我们要想使自己内心强大起来，就调整好心态吧！多笑笑，用积极的心态去面对生活，就会发现，原来美好的生活就在前面等着我们。

6. 积极的心态可使我们脱胎换骨

《神奇的情感力量》一书的作者罗伊·加恩这样说过：“我知道，人们若能改变自己的思想，便能去除忧虑、恐惧，以及各式各样的疾病，并使他们的生命改观。我知道！我知道！我知道的！我曾不知多少次见过这种令人难以置信的改变发生，而且由于见得太多了，我对它们已经不再感到稀奇。”

是啊！我们为什么要拘泥于一种固定的思维模式中呢？难道遇到危机，就一定要生活在忧虑中？遇到危险，就一定在生活在恐惧中？当然不！虽然危险和危机会让我们心生忐忑，但无论如何我们总得去面对，既然如此，为什么不改变思想呢？让我们的思想转个弯儿，然后以积极的心态去面对这些危险和危机。如此，我们是不是可以轻装上阵，可以更加有效地应对眼前的事儿？是的，在很多时候，我们需要改变自己的思想，使自己看到积极的一面。因为，积极的心态可以使我们脱胎换骨。

父亲去世的时候，他还很小，还只是一个什么也不懂的孩子。他跟着母亲生活，从此知道了人世间生活的艰辛。可是，似乎再艰难的生活，都不会让他心态消极，心灰意懒。他从小就能积极地面对生活，一点儿也不悲观。

童年的时候，他曾经卖过报纸。做了一段时间报童后，他发现，在大街上兜售报纸，只能赚到很少的钱。于是他想出了一个好主意，就是跑到餐馆之类的地方做“生意”。但是，几乎所有的餐馆都不欢迎一个脏兮兮的小孩子来打扰自己的客人用餐，他们总是将他赶出去。有一次，有一家餐馆把他赶出来好几次，但他还是一再地溜进去。店里的侍者火了，再次赶他的时候，就用脚踢他的屁股。但是即便如此，他也没有悲观消极，而是鼓足了勇气，继续寻找机会，然后再溜进餐馆卖报纸。那些客人见他这样勇气非凡，便劝阻餐馆的人不要再踢他出去。最后他的屁股虽然被踢得很疼，但口袋里却装满了钱。

他积极乐观性格的形成，与他母亲有很大关系。他的母亲替人缝衣服，虽然很辛苦，但却从来没有抱怨生活。她带着自己的孩子，积极地面对生活，寻找着可以让两个人生活好点的方法。当她靠洗衣服有了一点存款的时候，就把钱投到底特律的一家小保险经纪社。从那家很小的保险经纪社里，她了解到推销保险也可以挣钱。于是，她就成了那家保险经纪社里唯一的一名推销员。第一天，她没有一点儿成绩。但是，她却有一个好的心态，她并没有为第一次的失败而感到失望和泄气。她相信，自己一定可以。后来，她来到了底特律最大的银行，一位高级职员买了保险，又准许她在大楼里自由走动。那一天，她卖出去了四十四份保险。因为她，那家保险经纪社发展起来了。

母亲的积极心态，成为了他学习的榜样。十六岁念中学时的那个夏天，他也试着出去推销保险。在母亲的指导下，他去了一栋大楼。但是，在进大楼前，他胆怯了。他想：如果被人拒绝，会是多么丢人的一件事啊！说不定，有人不但不愿意买保险，而且还会骂我呢！这样一想，他更不愿意上去了。于是，他部在大楼外的人行道上，发了好一会儿抖。

正当他想放弃的时候，他想到了母亲，想到了小时候卖报纸的经历。于是，他迅速调整了心态，并对自己说："如果你做了，没有损失，还可能大有收获，那就下手去做。马上就做！"

于是，他鼓足勇气，积极地走上前去。他就像当年卖报纸被人踢出餐馆那样，大着胆子，积极乐观地开始了自己的工作。每一间办公室，他都要跑上一遍，寻找自己的客户。很幸运，那天他没有被踢出来，而且还卖出去了两份保险。虽然以推销保险的数量来说，他是失败的，但是在了解自己和推销技术方面，他却收获不小。他又对自己说："只要肯积极地争取，总会有成功的机会。"

他并没有因为那天只赚了几元的佣金而感到失去干劲，相反，他觉得能有几元的收入已经很不错了。他总结了一天的工作，认为自己之所以会失败，是因为缺少克服恐惧的勇气。他为自己制定了一些克服恐惧的技巧，并相信明天一定更好。

第二天，他卖出去了四份保险。

第三天，他卖出去了六份保险。

他开始忙碌起来，因为每天，他都要卖出去不少保险。在那个假期以及后来放假的日子里，他继续替母亲推销健康保险和意外保险。他的“业绩”一天比一天好，从一天几份增加到十份，然后到十五份、二十份。他成功了，虽然还在念书，但却已经成为一名出色的“推销员”。

他分析自己：为什么能够成成功？想想自己做保险的经历，他认为自己之所以可以成功，是因为有着“积极的人生观”。他认为，只要心态积极，一个人将会发生彻底的改变，将会无所不能。

二十岁的时候，他搬到了芝加哥，开了一家保险经纪社。由于拥有积极的人生观，他的生意做得顺风顺水。很快，他的“联合登记保险公司”的规模就扩大了，他甚至雇佣了一千多人。他在芝加哥设立总部，每州都有一名推销总管，领导一批推销员，发展当地的事业。他的公司发展的如火如荼，而他还只是一名三十岁不到的年轻人。

但是好景不长，经济大恐慌笼罩了整个美国。在这种情形下，他的生意好像也要走上末路，原因很简单，大家都没有钱买健康保险和意外保险。有钱人也有，但是，他们宁愿把钱存起来以防万一，也不愿意再买保险。对于他来说，这段日子真的很艰难，生意萧条，维持公司运转似乎变得很难。可是，他依然没有消极悲观，他对自己说：“如果你以坚决的、乐观的态度面对艰难，你反而能从中找到益处。”

他的心态依然乐观，他相信只要努力，为这种情形下推销保险并非不可能。为了证明自己的观点，他走出办公室，直往纽约州推销保险。奇迹发生了，在经济大恐慌最为严重的时期，他每天成交保险的份数，居然与鼎盛时期的相同。

由于他是在二十年代那几个繁华年头建立的事业，在那个时代，几乎什么东西都可以推销出去，所以他对每一个推销员及其推销方式和态度，没有给予太多的注意。但是，也正是因为这样，在危机真正到来的时候，他们几乎惨败。于是，他开始开了自己推销讲座的第一课，向自己的推销员们说明“积极心态”的重要性。他花了十八个月的时间走遍了全国各地，同遇到困难的推销员谈话。他告诉他们："一切决定于推销员的态度，而不是顾客。"他使他们明白，积极心态对于一个推销员有多么重要。

一直拥有积极心态的他，在一九三八年，成为了一名百万富翁。

这个时候，他觉得自己应该成立一家保险公司了。成立保险公司可不轻松，那需要大量的资金。他开始积极想办法，寻找最可行的道路。办法还终于被他找到了，他看中了停业的宾夕法尼亚州伤损公司。但是，这家公司的出售价格却高达一百六十万。他知道，这是一个绝好的机会，因为这家公司拥有三十五个州的营业执照。可是，怎么才能将这家公司买下来呢？钱虽然不够，但他依然积极地开始了行动。

他找到了这家公司的拥有者，开始洽谈收购事项。

他说："我要买你的保险公司。"

对方回答："当然可以。我的公司售价160万，请问你有这么多钱吗？"

他说："虽然我并没有这么多钱，但是我可以借到这笔钱。"

对方问："借？跟谁？"

他回答："跟你们。"

他的方法似乎是天方夜谭，但出人意料的是，在一番唇枪舌剑之后，对方居然同意了他的提议。就这样，他开始了自己王国的建立。从一个小小的保险公司起步，他一步一个脚印，用积极乐观的心态，成就了巨大的美国联合保险公司。仅在1970年，他公司的销售额就达到了2.13亿。他手下拥有五千名推销员，每一个推销员都懂得"积极心态"的重要性。

为了把自己成功的经验分享给更多的人，他写了一本书，叫做《利用积极的人生观走向成功的方法》。这本书一经推出，就受到了人们的追捧，热销了二十多万本。在书中，他用最简单的方法告诉了人们，积极心态对于人生的重要性。

他曾经说过："要想成功，就必须克服恐惧，乐观地面对艰难，不懈地努力工作。积极向上的心态是成功者最基本的要素。"

他是谁？他就是美国联合保险公司的创始者克莱门特·斯通。他是在全美乃至整个欧美商业界都享有盛名的大商家，是美国最富有的人之一。他是一个传奇，用积极的心态，他从一个只有一百美元的年轻人，自我奋斗成为令世人瞩目的富豪。

积极心态的力量，确实让人震撼。斯通的故事告诉我们，只要拥有积极的心态，我们就可从容面对任何困难与挫折，以最勇敢、最无畏、最有魄力的姿态，奔跑在人生的路上。

在工作中，我们总会遇到挫折，总会遇到打击，总会遇到一些我们必须面对，但却又无可奈何的事情。这些事情会给我们带来各种各样消极的情绪，这些消极情绪又会让我们产生消极心态，消极地处理问题。但是，只要是带着消极心态做事，我们肯定做不好任何事情。拥有消极心态的人，就如同喝醉了酒，再重要的事情，也会软手软脚地去做。如此，将不可能做好任何事情。所以，我们需要用积极的心态，来摆脱"醉酒"的束缚，脱胎换骨，变得生龙活虎，势不可挡。这只有如此，我们才能在工作中有所成就。

拥有消极心态的人，是职场里的弱者。他们因为内心弱小，所以总是害怕很多东西，所以总是在前进的路上东张西望，无法前进。根除消极心态只有一个办法，那就是用积极心态战胜消极心态。这其实一点也不难，很多时候，只要转变一下思想，也就够了。我们要想成为职场里的强者，就必须要学会转变思想。

积极的心态可使我们脱胎换骨，积极的心态是力量之源。

第七章

提升自我，"恃才"方能"傲物"

一个武林中人，一定要努力设法提高自己的武功，这样在武林中才有自己的地位。为什么呢？因为武功愈高，征战武林的能力就愈强，能取得的成就也就愈大。同样，一个职场人士，也一定要努力提升自我的能力，这样才能在职场江湖中攻城略地，所向披靡。无论什么时候，能力的大小，必定会是衡量一个人强弱的条件。虽然并非唯一，但却一定会是关键。我们都在这个竞争激烈的职场江湖中打拼，当被人"打"的头破血流的时候，不妨好好想一想：自己的能力够吗？

1.

人生有尽，学海无涯

自古以来，关于学习，一直就是一个永恒的话题。诗人歌德曾经说过："人不光是靠他生来就拥有一切，而是靠他从学习中所得到的一切来造就自己。"是啊，无论再能干，再伟大的人，在他们生下来的时候，也是一无所知。他们之所以会有以后那些让人艳羡的成就，归根结底，在于后天的学习。是学习，让他们有了知识，有了能力，有了做出一番经天纬地事业的根基。我们可以联想到一个很简单的事实就是：没有学习，他们就不会有知识，也不会有能力，当然什么事也做不成。

数学家华罗庚说："聪明在于学习，天才在于积累。"世界上本没有天才，只有学了很多东西，聚石成塔，积少成多，有了一身能力的人。所以，我们不必总是去艳羡别人，如果愿意，我们自己也可以。

当然可以！我们之所以到现在为止还是一无所成，还在职场的底层苦苦挣扎，无法崭露头角，究其根源，还是在于能力的不足。想想看，是不是这样？面对工作，我们有没有过束手无策？面对问题，我们有没有过茫然无绪？肯定有过！如果没有，那我们在工作中便不会遇到什么难题，便会青云直上，早已实现了理想中的目标。可是，我们还是在原地踏步走，离目标好像还有一段很远的距离。我们不是不想早日实现目标，只是因为能力不足，总也做不好手中的工作。所以，无论什么时候，我们都必须要以谦虚之心，好好学习，以弥补自身能力上的不足。

也许很多人会对此嗤之以鼻：学习只是学生要做的事，而我早已走上社会，早已掌握了生存的技能，还有什么好学的？我只需要认真工作就行,不需要再学习了!真的不用学习了吗?我们真的把所有需要用到的知识都尽收囊中了吗?这当然不可能!如果我们也这样想的话,那只能是一个天大的笑话。世界上的知识何其多,我们需要用到的知识又有多少?就算穷尽一生之力,我们也无法学习完自己需要用到的所有知识,又何敢谈再没有什么好学习的?比尔·盖茨如果不是边拼搏边学习,怎么会取得如此大的成功?即便是成为世界首富之后,他也依然没有忘记学习。老祖宗常说“学海无涯”,就算我们学习了一辈子,也无非只是学到了“大海中的一滴水”而已。所以无论什么时候,都不要轻视学习,我们需要学习,以提升自己的能力。

人生有尽,学海无涯,只有通过不断地学习,我们才能不断地提升自身的能力,在人生的旅途中策马奔腾。

他是一个草根出生的黑白混血儿,一个在没有父母陪伴的环境中成长的人,一个从名牌院校毕业却投入贫困社区工作的人,一个在大多数人怀疑的目光中一边学习,一边走向既定目标的人。而如今,这个人已经成为美国第四十四任总统。

他就是奥巴马,第五十六届、第五十七届美国总统。他是美国历史上第一位非裔总统,一位在学习中走向人生顶峰的人。

奥巴马的童年时代是在火奴鲁鲁和母亲还有外祖父母一起度过的。母亲最终和父亲分道扬镳,结束了这场名不副实的婚姻,但也给了奥巴马一个并不完整的家。

由于家庭原因和多种族的背景,青年时期的奥巴马很难取得社会的认同。十几岁的时候,他就成了一名瘾君子。他曾经回忆说:“当时,我与任何一个绝望的黑人青年一样,不知道生命的意义何在。”因为家是贫穷的,肤色是被人嘲笑的,前途是无望的,成功的道路曲折得连路都找不着。这种心理状态影响了他的正常生活,他成了一个不折不扣的“坏小子”。

在夏威夷就读高中时,他不仅终日逃课,还吸毒、酗酒,更是凭借自己英俊的外貌和放荡不羁的性格,欺骗了很多女生的感情。

但是，这样的日子并没有持续多长时间，经过内心的挣扎，他意识到再这样下去，自己的一生就会没有什么希望。他决心要痛改前非，改变自己的人生。经过努力学习，他考入哥伦比亚大学学习国际关系。他进入大学后的第一件事就是戒毒，然后凭借好强的个性和不屈不挠的学习劲头，很快就从一个成绩平平的一般生变成了一个出色的优等生。

大学毕业后，奥巴马并没有像其他同学那样忙着寻找高薪工作或者进入法学院继续深造，而是为了得到一份黑人社区的组织工作四处投简历。他有着自己的理想，那就是可以为黑人同胞多做一些事情。而且他相信，这样的工作依然可以锻炼并提升自己的能力。但是，人们无法相信，一个哥伦比亚大学毕业的优等生会心甘情愿地从事如此基层的一份工作，所以他投的简历并没有得到任何一份回复。无奈之下，为了偿还学生贷款，他只好在纽约华尔街找了一份工作，成为了标准的商界精英。

但是，这样的工作并不是他想要的，他也一直没有放弃过努力。1985 年夏天，为了实现梦想，他在芝加哥谋得了一份黑人社区工作，年薪虽然只有区区 1.3 万美元，但他已经相当满意。毕竟，这离自己的目标更近了。

在这个岗位上，他一待就是三年。在这三年里，他做的是改善社区道路、照明、房屋修缮、劳资关系协调等具体而微小的事。但是，在这些小事里，他依然没有忘记学习，而且也学习到了很多东西。他从来没有觉得那些事情太小，自己就不需要学习。相反，通过学习，他手头的工作越做越顺。一直到现在，他都认为，几年社会服务工作是自己“曾受到的最好训练”。那段时间的学习，为他以后的政治道路起了很大的铺垫作用。

在芝加哥当了三年“义工”之后，他的思想发生了改变。他感觉到这种努力尽管可以改变一些人的生活，但却无法改变美国的社会。因此，他决定从政。

从做了这个决定开始,他就清楚地意识到,只有竞选地位尽可能高的公职,才能尽可能大地实现梦想。为胜任这样的公职,必须要有为公众服务的知识和能力。他又开始加足马力,边学习边向前奔跑。他报考了被誉为美国政治家摇篮的哈佛大学,攻读法学博士学位。他在哈佛大学毕业前一年当选全美国最具权威的法学杂志《哈佛法学评论》104 年历史上首位非洲裔主编。这个位置通常被视为进入美国最高法院当法官秘书、进而步步高升的敲门砖。因此,还没有毕业,就有很多著名律所、美国最高法院等机构向他抛来橄榄枝。但是,他并没有借此机会,去选择那些令人艳羡的高薪职业。

他又做出了一个惊人的决定——重新回到芝加哥黑人社区。他的目标很明确:谋求政治前途,必须从社区基层做起。只有从基层不断吸取知识,提升能力,以后的路才能走得更为容易。他开始了自己“穷人代理人”的生涯,并在芝加哥大学法学院兼职教起宪法学,从讲师做起,后来做到宪法学教授。他就像一个雪球,从最小滚起,慢慢地越滚越大,使自己的能量越来越多。当他觉得自身的能量可以支持自己再往前走的时候,他开始竞选议员,正式步入从政之路。

2008 年 11 月 5 日,奥巴马击败共和党候选人约翰·麦凯恩,正式当选为美国第四十四任总统。

如果我们觉得自己所学的东西足以应付竞争激烈的职场生活,那么看一看奥巴马是怎样做的。在基层他边学习边前进,登上总统宝座后,他依然在边工作边学习。他能在 2012 年连任美国总统,在很大程度上取决于从不止歇的学习劲头。就算是总统,依然需要学习。难道我们真的以为,自己所掌握的东西,要比奥巴马多,不需要学习了吗?如果是这样的话,我们就只能被职场江湖所淘汰。

古语说:“活到老,学到老,还有三分没学到。”人生有尽,学海无涯,无论任何时候,我们都不要觉得自己一切都会了。我们永远都有学不完的知识，掌握不完的技能。只有通过不断地学习，我们才能充实自己，提升能力，才能满足竞争激烈的职场需要。

现在，我们还感觉自己工作得很吃力吗？还感觉竞争对手的能力强大得超乎自己的想象吗？还有“不会做”的现象出现吗？如果存在这种情况，那就只能证明我们的能力还很弱小。因为能力弱小，所以我们内心弱小，所以我们害怕工作，害怕对手。我们要想内心强大起来，就必须要弥补自己能力不足的缺陷。只有拥有强大的能力，我们才能拥有强大的内心，才能无惧任何工作难题，才能无惧任何对手。

人生有尽，学海无涯。多学些东西吧，我们永远也学习不完！

2. 虚怀若谷方能提升能力

何谓“虚怀若谷”？百度词典上的释义是：胸怀像山谷一样深广。形容十分谦虚，能容纳别人的意见。早在两千多年前，《老子》十五章中曾言：“敦兮其若朴，旷兮其若谷。”这是虚怀若谷最早的出处。老子把虚怀若谷者形容为：敦敦厚厚、朴朴素素、旷旷达达、空阔一片、自自然然、大智若愚。是的，懂得虚怀若谷者，是职场江湖里最聪明的人。

为什么会这样说？很简单，能够虚怀若谷的人，就懂得提升自身能力最有效的方法。因为提升自身能力最有效的方法，就是谦虚地学习。可不是吗！我们是圣人吗？我们是天才吗？都不是！我们只是一些想在职场做出一些成绩的平凡人。因为平凡，所以注定我们要有很多知识不懂，很多技能不会；因为平凡，所以也注定我们不可能每一个决定都正确，每一步棋都完美。我们必定会有很多不懂的东西，而这些东西，在很多时候恰恰就会成为影响我们做出成绩的决定性因素。当然了，即便是天才也不行，天才也会有很多东西不懂，也需要学习。所以能否虚心学习，就成了我们能否提升能力，强大自己的关键。而一个虚怀若谷的人，就会懂得用谦虚的心，聆听别人的指导和建议。如此，他能不很快就提升自己的能力吗？

没错，只有用谦虚的心态，多去聆听别人的建议和指导，我们才能更加有效地提升自身的能力。我们不可能掌握所有的技能，很多时候，在工作中会出现这样的情况：有些技能我们会，而别人不会；有些技能，别人会我们却不会。这样的情况比比皆是，相信在任何公司里都很常见，因为每一个学习技能的时候都会有所侧重，领悟能力也不尽相同。尺有所短，寸有所长，也正是这个道理。所以这些时候，向别人学习，就成了我们提升自身能力最直接的方法。倘若无论遇到什么问题都由我们自己捉摸，那么能力提升的速度显然会慢上很多。所以，当别人提出建议，或者提供方法的时候，我们一定要学会虚心地接受。

《易经》六十卦中，没有一卦是全好，也没有一卦是全坏，只有一卦算是六爻皆吉，那就是谦卦。所以，古人常说：“满招损，谦受益。”只要肯谦虚地向别人学习，虚心地接受别人提出的意见，我们的知识就会快速增长，而能力也会越来越高。当我们的能力提高时，完成工作是否会更加得心应手？一定！

传说，上古时期，黄帝带领了六位随从到具茨山见大隗，来到襄城的旷野后，七个人都迷失了方向，而且没有什么地方可以问路。正当大家一筹莫展的时候，一个牧马的少年从旁边经过。于是，黄帝就上前问路。

黄帝问：“少年人，你知道具茨山吗？”

少年回答：“是的，我知道。”

黄帝又问：“你知道大隗居住在什么地方吗？”

少年回答：“是的，我知道他住在什么地方。”

黄帝感叹道：“这位少年还真是特别啊！不仅知道具茨山，而且还知道大隗居住的地方。那么，请问怎样治理天下，你知道吗?”

少年回答说:“治理天下,不过就像我牧马一样罢了,又何必多事呢!我幼小的时候,独自在宇宙的范围内游玩,碰巧生了头眼眩晕的病。有位长者就教导我说,‘你还是乘坐太阳车去襄城的旷野里游玩吧。’如今我的病已经有了好转,我又可以到宇宙之外游玩去了。至于治理天下,恐怕和牧马一样,我又何必多事啊。”

黄帝说:“虽然治理天下不是你操心的事,可是,我还是想要向你请教怎样治理天下。”

少年于是回答说:“治理天下跟牧马有什么不同的地方呢?就是除去过分的,然后任其自然罢了。”

黄帝听了叩头行礼,口称“天师”而退。

黄帝应该是什么都会了吧!可是,他还是能够虚怀若谷,向一个少年人学习。这是为了什么?是他的能力不如少年人吗?当然未必!可是他却知道,别人懂得的自己不一定都懂得。所以,他认真听取了少年人对于治理天下的独到见解。

当然,在职场中,我们也不可能什么都会。正因为如此,所以才要虚怀若谷。只有虚怀若谷,总是“不满”,我们才能像一个大容器一样不断地吸取新的知识。而新的知识,则为我们提升能力补充了源源不绝的能量。可以说,只有知识不断增多,我们的能力才会不断增强。

有人会说:“我什么都会了,所以不需要再‘虚怀若谷’,还像小学生一样认真听取别人意见,接受别人的指导。”如果说要教,那也只能是我教别人。这是什么心态?自信?还是自满?这恐怕有些太过于自信了,变成自满了。说自己已经“满”了的人,只是职场江湖里一类非常幼稚的人。一个人不可能有完全“满”的时候。眼睛会有盲区,会有看不到的地方,我们所掌握的技能,也会有“盲区”。这个“盲区”永远无法消除,我们唯一能做的,就是用虚怀若谷的心态,尽可能地补充知识,以缩小这个“盲区”的范围。

小林是个朴实的山里孩子，从小被父母送到赵师傅那里学习做木工活。山里人想得简单，只要有一手过硬的活儿，想过好日子并不难。赵师傅可不简单，是方圆百里出了名的巧手，他做出来的木工活儿，实用，好看。小林就在他的手下，老老实实地干起了学徒工。

时间过得很快，一晃就三年过去了。在这三年里，小林认认真真地跟着师傅学木工，把师傅的一手绝活儿学了个七七八八，做出来的家具像模像样。他认为，自己已经什么都学会了，于是就去请求师傅，想早些出师。

赵师傅听了他的请求，不置可否，只是微笑着问他：“你现在要出师，是认为自己一切都学会了，是吧？”

小林点点头，回答说：“是的，师傅，跟您学了这么久，我觉得自己一切都学会了，没有什么可学的了。”

赵师傅点点头，说：“孩子，你觉得的确不错。可是，先回答我一个问题：什么是一切都会了呢？”

小林想了想，回答说：“一切都会了，就是满了，装不下去了。”

“是这样啊！那好吧！你先帮我做一件事，做完这件事后再决定是否还要出师。到时候你坚持要走的话，我也不拦你。你拿一只碗，到后院去装一碗石子。记住，一定要装满。”赵师傅对小林说。

虽然不太明白师傅的用意，小林还是依言而行。一会儿工夫，他就端着一只装满了石子的碗走了进来。赵师傅接过他手中的碗，问道：“你确定，这只碗已经装满了？”

“是的，师傅，这只碗已经装满了石子。装得很满，再也装不下一丁点儿了。”小从回答。

赵师傅小心翼翼地端着那只“很满”的大碗，向屋外走去，并招呼小林：“跟我来吧！我让你看看这只碗到底装满没有！”

走到院子里，赵师傅随手抓起一把晒在地上的豆子，慢慢地掺进了碗里。那一在把豆子，寻着石子间的小缝，慢慢滑了进去。一大把豆子，居然全部都被装进了碗里。

他盯着小林，问道："这次满了吗？"

"满了。"小林的声音很小，显然底气不足。

赵师傅又从地主抓起一大把沙子，慢慢掺进了碗里。他用手轻轻地擀着沙子，很快，一大把沙子全部都被装进了碗里。

"这次满了吗？"赵师傅问徒弟。

小林盯着碗，没有吱声。赵师傅叹了口气，顺手拿起院里桌子上的一个水杯，把里面的水倒进了碗里。水渗了进去，没有一滴溢出。

现在，你还认为自己满了，一切都装不下了吗？

小林低头不语。赵师傅语重心长地对他说："孩子，我并不是不想让你出师。其实，你的手艺也学得差不多了。我只是想告诉你，人生在世，一定要多学东西。好手艺是永远学不完的，你明白吗？"

小林没有出师，而是又跟着赵师傅学了三年。三年以后，他虽然出师了，但总记得师傅的话，不断向手艺好的人学习。他的手艺越来越好，终于成为当地最出名的木工师傅。

这是一个睿智的师傅教授徒弟的故事。这位赵师傅的确很聪明，他用一只碗，就让徒弟明白了一个道理：人生永远没有满的时候。所以，人生只能不断虚心地学习，才能进步，才能成功。虚怀若谷是一种人生的态度，只有拥有这种态度，我们才能永不"知足"，永远以虚心的劲头去向别人学习和请教，学习新知识，掌握新技能。也只有如此，我们的能力才能越来强，才能适应竞争激烈的职场。

虚怀若谷方能提升能力，千万不要能力太差成为我们弱于他人的理由。我们其实一点儿也不比别人差，能力不强只是知识暂时不够，只要肯学，就有提升的可能。

3. 知识为工作插上腾飞的翅膀

在日常工作生活中,我们经常会听到有人称赞某某有才华有能力,习惯性地描述其才高八斗,学富五车;抑或是上知天文,下知地理。他们会艳羡地感叹:有才多好!要是自己也能那样有才就好了!

我们为什么会羡慕那些有才华有能力的人?很简单,因为我们做不好的工作,他们手到擒来;因为我们完不成的任务,他们小事一桩。因为能力出众,他们无论做任何事都不吃力,所以轻轻松松就走向了成功。正因为如此,所以我们要去羡慕那些有才华,有能力的人。可是说,渊博的知识,高人一等的能力,使得他们在工作中可以做到游刃有余,在事业上可以做到展翅高飞。

其实不用羡慕,我们也可以像他们那样。只要肯学习,肯主动锻炼,我们就拥有更多的知识和更娴熟的技能。而有了这些,我们也可以在职场尽情遨游。我们一定要记得:人生是一个知识和技能不断积累的过程,不要怕学习,越学习知识和技能的积累就会越多,这些知识和技能会深深刻在我们脑海里,任谁也拿不走,会成为我们永恒的财富。当知识和技能积累到一定程度的时候,就会成为我们前进路途中最有力的武器。

犹太家庭里的孩子在成长的过程中,负责启蒙教育的母亲们几乎都会要求他们解答一个谜团:“假如有一天你的房子被烧了,你的财产就要被人抢光,那么你将带什么东西逃命?”孩子们少不更事,都又非常的天真,他们会按照最平常的思维模式考虑这个问题。所以,大多数孩子想到了钱。是的,在这个世界上,钱虽然不是万能的,但没有钱却是万万不能的,有钱就有了吃穿玩乐。还有些孩子更聪明,他们认为钱并不可靠,不如带着家中珍藏的价值连城的钻石。可是,这些答案,显然不是他们的母亲所要的答案。她们会进一步问孩子们:“有一种东西是没有形状,没有颜色，没有气味的宝贝，你知道是什么吗？”大部分孩子可能会蒙了，不知道那种宝贝到底是什么。这个时候，母亲们就会告诉他们：“孩子，你要带走的不是钱，也不是钻石，而是智慧。因为智慧是任何人都抢不走的，你只要活着，智慧就永远跟着你。”是的，智慧别人永远拿不走，而我们装在脑海里的知识、学到手中的技能，别人也永远无法拿走。只要我们尽心地接纳各种知识和技能，让它们在我们的身上安家落户，那么它们就永远是我们的左膀右臂。

一九九九年，叶宇冰从重庆石油高等专科学校毕业，来到了胜利油田东辛采油厂，成为地质所动态分析室的一名技术员。她喜欢自己的专业，从此以后，她就陶醉于石油地质开发事业而不能自拔。

东辛油田地质构造的复杂程度全国闻名，素有地质“大观园”的美誉。如果说地质所充当着东辛采油厂增储上产的排头兵，那么动态室则在油井管理和原油开发的过程中担当着重任。而叶宇冰，就是动态室里的一把“尖刀”。她每天的工作就是在各种开发数据的海洋中遨游，在测井曲线之间穿梭，寻找其间的规律，一干就是五六个小时。腰酸了，腿疼了，她浑不在意；困了，累了，她咬紧牙关，凭着“石油人”精神，她一直坚持在工作岗位上。仅用了三个月的时候，她就从开发静态、开发动态两个方面重建了“永安石油田三十五断块的油藏地质模型”，使这个一直没有认清断块注采井网的轮廓清晰起来。什么地方该打新井，什么地方该调整注水量，一目了然。

但是，在这个过程中，她充分认识到了一件事，那就是知识和技能对自己的重要性。她深刻认识到，要成为一名优秀的开发地质工作者，不仅需要把书本上学到的知识应用到生产中去，更重要的是要在借鉴继承的基础上，敢于打破种种束缚，在继承中发展。她在认真分析研究的基础上，优选出占全厂百分之六十以上的单元进行调查。同时，她还不断地探索不同油藏的类型的开采规律，分析研究不同类型的油气藏在不同开采阶段的开采特征及与之相适应的配套开采技术，遇到问题时，虚心地向各线人员求教。在积极学习和努力研究下，她成功开发形成了老区开发分类治理“三个层次八项配套技术”的系统方法。这种方法具体而有效，在采油厂开发系统全面推广后，发挥了极大的作用，使采油厂的产量逐年增加。

她一直在工作中学习，在学习中前进，学习对于她来说，已经成为武装工作的一种必要手段。她在岗位上十年如一日，始终兢兢业业地学习着前进，用自己的辛勤和汗水做出了不平凡的业绩。2008 年，她参与设计的“广利油田一体化治理方案”被中国石化集团公司树为“老油田标杆治理模式”；两千零九年，她参与的“广利油田综合调整方案”被评为中国石化集团公司胜利油田分公司特等方案。

在外人看来，她的事业好像很成功，但是她自己却并不这样认为。认识，实践，再认识，再实践，她就这样从对油藏开发一无所知的大专生，逐步成长为地质综合开发的“谋划人”。她知道，是学习让自己的知识结构和专业技术越来越丰满，但是知识需要不断充实，技能也需要不断进步，一旦停止了学习，事业也就会止步不前。知识为工作插上了腾飞的翅膀，所以自己需要不断学习，不断汲取知识。

她把“知识就是力量”当作是自己的座右铭，继续奔跑在人生的路上。2007 年，她深感自己所学的知识已经远远不能满足工作的需要，除了平时积极向油田专家和现场师傅请教外，还参加了全国成人高考，成为中国石油大学函授 2008 级石油工程采油专业的一名学生。

在两年多的学习过程中，她如饥似渴地学习着石油开发方面的系统知识。她说：“学校老师渊博的学识、严谨的教学、认真的备课、通俗的讲解，都让我获益匪浅。”在学习中，她不仅体会到了掌握新知识带来的乐趣，更因为知识的增长而变得更加自信起来。“知识为我插上了腾飞的翅膀，学习让我变得更自信。”她一直这样对同事们说。

经过两年多的学习，她在工作中更加游刃有余、得心应手。她熟练运用学习到的油藏理论、提高采收率原理和测井解释等知识，解决了实际工作中一个又一个难题。盐家油田是一个典型的砾岩油藏，具有非均质严重、物性差异较大、采收率相对低等特征。她运用自己所学到的知识，反复对比测井图、修改构造、落实油水关系，逐步摸清了砾岩油藏的管理规律，深化了对砾岩油藏的基本认识，制定出一套切实可行的采油和管理方案。

她运用自己的学识和智慧，让一口口“死井”起“死”回生。

她成功了吗？对于她来说，自己仍然没有成功，还需要通过更多的学习，掌握更多的知识。因为，她深切明白，只有知识才能为工作插上腾飞的翅膀，飞到梦想中的地方去。

在人生路上，她还要继续学习。

丹·伯斯特说过：“知识的确是天空中伟大的太阳，它那万道光芒投下了生命，投下了力量。”英国有句俗语也说：“知识可羡，胜于财富。”知识的重要，对于我们每一个人来说，都是同样的。只要是想在生活中更加出色，只要是想在工作中有所成就，任何人，都离不开知识。我们千万不要有这种想法，觉得自己已经不是学生了，无须学习。这种想法错了，获取知识的途径，并非只有在课堂上，生活中工作中，点点滴滴的地方都藏着我们获取知识的渠道。只要我们肯用心，就必定能从这些地方得到知识。知识也并非只是课本上的东西，工作中能够帮助我们更好驾驭工作的技巧方法，都可以归为知识。而这些东西，都是我们成长所必需的。

所以，我们要以谦虚之心，多向别人学习知识，学习技能，只有如此，我们才能强大起来。今天的时代是一个竞争激烈的时代，我们要想强大起来，要想比别人跑得更快，必须具备一种“比他人学得快的能力”。为什么？因为人人都在学习，人人都在进步，我们只有比别人学得更快，才能掌握更多的知识，才能更好地驾驭工作。知识，为工作插上腾飞的翅膀。

有了知识,有了能力,我们才可以在别人面前站直了身体。想一想,在很多时候,我们之所以会在别人面前没有底气,觉得自己事事处处不如别人,是否是知识和技能不足引起的呢?当然!在职场中知识不足,能力不够,我们就会像是一个外强中干的肥胖病人,也许外形看起来会很唬人,但实际上却很差劲,甚至别人一推就倒。用知识和技能武装自己吧!只有这样,我们才能精神抖擞地站在竞争对手面前,大声告诉他们:来吧,谁怕谁!

如此,我们才能内心强大!

4. 难者不会,会者不难

关于“难者不会,会者不难”,百度百科是这样做的解释:做任何事情,都要有方法。如果你知道做某一件事情的最佳方法,那么,你会觉得很好做,一点也不难,这就是“会者不难”。同样,如果你不知道做某一件事情的最佳方法,那么,你会觉得很难做,这就是“难者不会”。在工作中,你有过这样的感觉吗?很难或者很容易?

当然会有。我们每一个人,在工作中都可能会遇到这样的问题,有时候会觉得工作做起来很难,有时候又会觉得工作做起来很容易。这其实就是有没有掌握到方法的问题,如上所述,掌握了工作的方法,我们会觉得很容易;没有掌握工作的方法,我们会觉得很难。我们都让自己的工作变得相对“容易”起来,因为只有相对“容易”我们完成工作才更容易。正因为如此,在工作中,我们就需要多学多问,把还没有掌握的“最佳工作方法”给掌握住了,这样就可变“难”为“易”,轻松工作了。

有一位小伙子，非常了不得，年纪轻轻就拿到了博士学位。没有费什么周折，他就被分配到了物理研究所工作。这一去，更了不得了，因为他很快发现，自己是所里学历最高的人。也就是，上至所长，下至老资历的研究员，在学历上都和自己差上一截。他非常得意，看待同事们的时候，也常常会有一种居高临下的感觉，心想："所长有什么了不起？那些资历老的研究员有什么了不起？我的学历最高，比他们懂得都多。"

因为有了这种心理，所以平时见到大家的时候，他都不怎么爱说话。"说什么呀！自己什么都懂，没有必要去和别人研究！"时间一久，他就养成了一种习惯，闲暇之余，也不怎么爱和同事们交流了。

有一个周天，闲来无事，他便拿着钓鱼竿，去单位的池塘钓鱼。他知道每到周末，总有一些单位同事会在那个池塘边钓鱼。还别说，里面的鱼还真不少。

在池塘边上，他遇到了所里的正副所长，点头简单打过招呼之后，他就选了个好位置开始忙活起来。他不喜欢跟正副所长说话，心里总有一丝不屑："他们还不都是靠资历才爬到所长的位置？两个本科生，我和他们有什么共同语言？道不同不相为谋。"

时间过得很快，池塘里面的鱼多，不时有鱼被钓上来，三人忙得是不亦乐乎。但是，忙归忙，有些事情还是需要去做。正所长最先憋不住了，他极不情愿地放下渔竿，对着副所长嘟哝了一句："我去上个厕所。"然后匆匆离开，看样子，他是极不情愿中断享受钓鱼的乐趣。

厕所在什么地方，小伙子当然知道。离他们钓鱼位置最近的厕所，在池塘对面，虽然路程不远，但却需要从池塘边上绕过去，来回一趟大概需要十五分钟左右。但是，让小伙子惊讶的事情发生了，老所长没有绕路，而是噌噌噌地从水面上跑了过去。看见他脚踏水面，直如仙人下凡，小伙子惊呆了，一时甚至忘记了钓鱼。

这是什么?传说中的“水上漂”功夫?好像没有听到过老师长会武术啊?带着满复疑惑,他又目睹了老所长脚踏水面,从池塘对面噌噌噌地漂了回来。

他很想去问问,但是转念一想:“有什么好问的?他学历没有我高,我去问他,那不是显示出自己的无能了吗?多丢份啊!”不过,还没有等他内心挣扎完毕,让他吃惊的一幕又发生了。这次是换了副所长上厕所,他也和所长一样,轻飘飘地眨眼工夫,就从这边漂到了池塘对面。

小伙子这一惊可是非同小可:“这还得了?看来自己是进了‘功夫’研究所而非物理研究所了,为什么这些人的功夫一个比一个高?要不然,就是那个地方的水下有座小桥,不然不会这么神奇。”这么一想,他顿时有些恍然,对了,就是那个地方的水面下有座小桥,他们是从桥上过去的。

正好,这个时候他也有些内急,就决心一试。他站起身来,也朝着刚才他们过去的那个方位走去。因为是在树阴下,树影斑驳,他并不能看清楚水面下是否有桥,只好试探性地踩了一脚,还真让他踩到实地了。他大喜,心中更加得意:“有什么难得住我的?不问他们也能照样发现秘密,有什么难的?”遂大步向前奔去,也想向他们一样来个“轻功水上漂”。

只是,他却没有“漂远”,跨了两步,便一脚跌到水里了。

听到他落水的声音,正在专心垂钓的两人大惊,慌忙起身拉他上来。老所长关心地问:“发生什么事了,钓鱼钓得好好的,要往水里跳?”他涨红了脸,嗫嚅道:“我看你们轻轻松松地从这里过到了池塘对面,也想来试试,没想到怎么这么难啊!”

两位所长大笑起来,副所长笑着说:“我们可没有水上漂功夫,之所以能够从这里过去,是因为这水面下有一座被水淹没的小桥。本来这桥是在水面上的,只是最近总是下雨,池塘水涨,就把小桥淹了。怎么,你不知道吗?”

小伙子大奇："虽然我不知道，但也猜到了呀！可是，为什么还会掉到水里去呢？是位置不对吗？"

正所长摇摇头："位置当然对，只是，桥的两头已经损坏了，没有桥面，只剩下几块石头桥墩。你要是想过去，必须要找准落脚点，踩在桥墩上才行。我们对这一片都很熟悉，自然知道桥墩的确切位置。原来你不知道这事啊！可是，为什么不问我们呢？"

会者不难，难者不会。就像这个故事中正副所长的"水上漂"功夫，很难吗？乍一看是挺高难度，可是等到他们说出了原因之后，就会变得很容易了。可是，就是这么一件事，因为不肯多问多学，所以那位博士小伙子才闹出了笑话。多问问，多学学，多掌握点知识，又有什么害处呢？显然没有一点害处。

在我们的工作中，总会遇到这样那样的难题，总会有觉得工作很难的时候，出现这些情况的原因，我们可以用四个字概括：能力不够。能力从何而来？当然是学习加锻炼，其实锻炼也是一个学习的过程，一次没有学会，多做一次，再多做一次，就叫锻炼。这也就是说，能力的主要来源，就是学习。当我们的专业知识掌握到非常丰富的时候，工作的难度就会大大降低。如果可以做到这些，工作对于我们来说，将没有什么难题。

我们现在还觉得工作很难吗？还在羡慕别人"神勇"地完成了工作吗？其实我们也可以，会者不难，难者不会。我们一定要记得：觉得工作难，是因为自己知识不够，技能不够，方法不够。多学习，多突破，找到解决问题的方法，将不会再有什么难题可以阻挡我们前进的步伐。要想神气地站在工作前面，还是一句话：多学习！这是我们强大的关键！

5.

能力强底气壮,才能内心强大

曾经有一段时间,“古惑仔”系列电影风靡中国。很多青少年喜欢看这类电影,因为里面有“义气”,有“江湖”。在这里,我们以此为例,并非是想再去评判这类电影对于社会影响的好坏,而是想通过那些街头打打杀杀的小混混们,引发一个问题:为什么有人打架那么厉害,而有些人懦弱稀松?

很简单,那些街头混混中的“狠角色”,大都能“打”。也就是说,他们大都“功夫”不错。因为能打,所以在“群殴”的时候,他们才好勇斗狠。“能打”使他们底气很壮,不会惧怕任何人。“我能打倒任何人,怕什么!”这是他们“勇敢”的理由。职场也是一个被“打打杀杀”充斥着的江湖,但不要误会,这里的打打杀杀,是能力的竞争,而不拳头的比拼。职场里的争斗的惨烈程度一点也不比电影里的弱,相反还更甚。在职场里,没有刀枪,没有拳头,只有适应能力的高低。倘若我们没有一身过硬的本领,那就只能被无情地淘汰。

其实所有人都是一样,小混混靠打架混地位,我们靠工作求发展,都是凭能力吃饭。能力就是我们的“武器”,只有能力愈强,我们的底气才能愈壮,才能不惧怕任何人。当然了,我们工作和小混混打架是没有可比性的,我们在这里只是想说明一个道理:在工作中,能力就是我们底气壮的基础,没有很强的工作能力,那么想强大起来,免谈!想想看,一个体弱多病的人和一个孔武有力进行体力比赛,谁能获胜?当然是孔武有力的人会获胜,而且两人站在一块,体弱多病的人从心底就会胆怯:“我凭什么跟人比?”从内心里面,他就已经弱于别人。工作也是如此,在竞争激烈的职场中,能力强就代表着可以走得更快,走得更远,当然要比能力弱的人有底气。

一句话:能力强底气壮,才能内心强大。

张浩出生在浙江普通的农民家庭,父母都是地道的农民,家庭教育观念不强。所以,他和农村很多孩子一样,没有太大的上学欲望。他只念到初中毕业,就跟着村子里的打工队伍,涌向了城市。他想得很简单,只有有力气,那里都有饭吃。

可是,一个十几岁的孩子,又没有学历,能干什么呢?工作不好找,他四处碰壁许久,却依然一无所获。幸好,邻村的一个大哥帮了他一把,介绍他进了一个小厂上班。那是一个黑厂,什么人都敢要,包括没有成年的孩子。他在那家厂子里工作,一个月只能拿一百多块钱的工资。但是,他却很开心,因为毕竟自己也有了一份工作。他在心里暗暗发誓,这一辈子一定要出人头地,改变家庭的生活。

虽然目标很大,可是,想要出人头地谈何容易?没有文化,没有技术,在一个黑厂里面,只能辛辛苦苦地熬着。一直熬了两年,他依然一无所获。"出来吧,这里不适合我。"他这样对自己说。然后,想办法逃出了那家厂子。

干了两年,没有存下一分钱,出来后生计都成了问题。他不愿意回家,那样只会让父母心里难受。于是,他从老乡那里借了一小笔钱,进点货摆起了地摊。其实地摊生意并不比厂里强多少,只是相对自由一些。虽然也能够锻炼自己,可是那被管城撵的满大街跑的滋味却并不好受。有时候运气不好,他会被城管抓个现形,然后摊子被砸个稀巴烂。运气更差的时候,他甚至一天会被城管抓住好几次,不仅什么也赚不到,还得赔钱。时间一久,他又开始厌烦了,不想再像老鼠一样被猫抓。

怎么办?换工作吧!

他听人说,销售工作能挣钱,而且大部分成功人士都是从做销售开始。他又动心了,觉得自己没背景没学历,要想改变,做销售也许是个不错的途径。

销售几乎是一个没有门槛的行业,进去的人非常多,竞争也非常激烈。但是,能做成功的人却并不多,事实上,很多人都觉得销售难做。因为销售是一个完全靠业绩吃饭的行业,如果做不出业绩,那这份工作就会被无情地判上死刑。

他的情况也是如此。第一份销售工作,他做了整整三个月,没有成交一笔。

三个月后,老板把他叫进办公室,很客气地对他说:“小张,感谢你这三个月来对公司做出的努力和牺牲。但是很抱歉,到目前为止你没有为公司创造任何价值,所以我们只好请你另谋高就了。”

从此,他又开始了频繁地找工作换工作。在后来两年的时间里,他换了十份工作。虽然他也想把工作做好,虽然他也想有所成就,虽然他也累得筋疲力尽,可是却依然没有任何收获。每到月底,就是他最窘迫的时候,钱不够花,有时候甚至连房租也交不起。

他开始迷茫:到底为什么会这样?是自己不够努力吗?好像不是!他也想很努力地做好自己手边的每一份工作,也想混出个样子来。可是,这好像很难。就算是每天只能吃馒头、方便面,喝自来水,他都不会觉得很苦。可是苦却没有价值,这让他尤为痛心。难道,真的是自己无能吗?

他反省了自己:第一份工作,是因为自己不知道好工作的标准,盲目地进了黑厂。

第二份工作,盲目从众,忙活了两年,却一点也不知道怎样才能使摆地摊更赚钱。

第三份工作,找不到好的客户,不懂得寻找好客户的技巧。

第四份工作,语言没有说服力,打动不了客户。

……

他仔细回想了自己失败的经历,认真地反省了自己失败的原因。当他把一大堆理由别扭地写在纸上的时候,猛然发现:之所以不能成功，是因为自己欠缺很多知识和能力。没有辨别的能力、没有高超的语言技巧、没有出色的沟通能力……这一切的“无能”，使得他在面对客户时，畏畏缩缩，没有一点底气。原来，自己心里一直有这样一个阴影，怕客户会看出自己的“无能”，所以他在客户面前总是表现得很差劲，故而找不到客户。

没有知识，缺乏能力，才是他没有底气，不能成功的根源。

他又一次去找工作了。这一次，他没有再找销售，而是很幸运地进了一家培训公司。在培训公司里，他可以接触到很多的老师，也拥有了很多的学习机会。在那家培训公司里，他开始了自己疯狂的学习之路。他买来很多有关方面的书，下班后认真学习，还经常请教老师有关说服力、销售方面的知识。他清清楚楚地记得老师的一句话：“这个世界上几乎所有的事情都有人在教，只要你投资一点时间，或者一点金钱，你就可以学得会别人用几年甚至几十年时间研究出来的结果。你可以向任何人学习，只要他有比你强的地方。”

什么样的学习过程是疯狂？他的就是。几年下来，他看过的学习光盘超过了五千张，不是草草看过了事，而是记真的学习。有些精彩的地方，他甚至能够背下来。他还看过几乎所有市面上能够找到的销售书籍和名人励志书籍。他在学，一直在学。

学习，使他的能力越来越强，而能力越来越强，他就越来越可以自信地面对任何人。他又去做了一段时间销售，以验证自己的能力，结果，他做销售的那两个月，业绩在全公司第一。但是，他终于还是回到了这家培训公司，因为他想做一名培训讲师，把自己的心得分享给大家。

他成功了吗？他当然成功了！也许，他以后还会更加成功，因为他有着成功的能力。

老舍曾经说过：“才华是刀刃，辛苦是磨刀石，很锋利的刀刃，若日久不用磨,也会生锈,成为废物。”对于我们来说,我们的能力也是刀刃,要想刀刃锋利,必须从辛苦学习中得来。有了锋利的刀刃,在竞争激烈的职场中,我们还怕什么?我们什么也不怕!当我们的能力很强的时候,就会豪气冲天地说:“我可以在职场江湖中出人头地,我谁也不怕!”

是的,这个时候,我们还有什么可怕的呢?没有任何工作可以难倒我们;没有任何对手可以打压我们,因为我们的能力强,所以内心强大无比。我们不惧怕任何工作和对手,只有它们害怕我们。真的,强大的能力会使我们底气强壮,会使我们内心强大,会使我们笑傲于职场。

第八章

宽容忍让,内心安定也是一种强大

人生在世,总会遇到许多不顺心的事。这些不顺心的事,说来就来,就像刮风下雨一样自然和无法避免,就算我们再极力回避,也总会有被风刮到、被雨淋到的时候。那么,当我们被风吹得遍体生寒、被雨淋得瑟瑟发抖的时候,应该怎么做?大文豪雨果说:“世界上最宽阔的是海洋,比海洋更宽阔的是天空,比天空更宽阔的是人的胸怀。”是的,用宽阔的胸怀,包容那些扑面而来的不顺心,就是我们应该做的。宽容忍让不是吃亏,而是让我们内心安定,更加从容平和。这,也是内心的一种强大。

1. 别让委屈蒙蔽了双眼

一片叶子，拿远了看，它就只是一片小小的树叶，拿近了看，它能遮住我们的视线，阻挡我们看见泰山，这就是“一叶障目，不见泰山”。这是一个很通俗的道理，但事实上，在很多时候，我们都很容易会被一片小小的树叶蒙蔽了双眼。愤怒时，我们会被怒火蒙蔽了双眼，那熊熊燃烧的怒火，会无情地焚烧着我们的理智，让我们做出一些不可理喻的事情；伤心时，我们会被痛苦蒙蔽了双眼，那让人神伤的痛苦，会像毒蛇一样噬咬着我们脆弱的心灵，让我们疯狂。不要去小看那一片小小的“树叶”，一旦我们被其左右，将会变成情绪的奴隶，成为一个内心弱小的人。

在工作中，我们遇到过这种情形吗？肯定遇到过！在工作中，我们不可避免地要遇到这样那样不顺心的事，所以委屈来了。如果处理不好，那些委屈的事儿，就会变成一片挡在我们眼前的叶子，让我们看不见前路。想想看，是不是这样？被上司批评，我们受委屈了，如果只看到自己的委屈，还有心思工作吗？和同事闹矛盾，我们受到委屈了，如果也只看到自己的委屈，心里有了芥蒂，还怎么和同事好好配合，做好工作？很难！事实证明，在职场中打拼的人需要有良好的心理素质，一个人是否可以坦然面对委屈，对于其事业的发展至关重要。

的确如此！人生在世，不如意之事总是十之八九，受到委屈总是在所难免。倘若在工作中我们总是被委屈蒙蔽了双眼，只看见委屈而看不见其他，那么何谈好好工作？有人哲人曾经说过：“聪明的人，把所有的挫折都化作奋进的动力；笨拙的人，一有委屈赶快向人诉说。”聪明的人之所以可以这样做，最重要的一点，就是他们没有被委屈蒙蔽了双眼，他们能透过现象看到本质，看到委屈后面的东西。“退一步海阔天空”，委屈的后面，不仅有更广阔的路，还有着让人内心安定的平静。

要想走上委屈后面的道路，我们必须学会宽容忍让。法国文学大师雨果曾经说过：“世界上最宽阔的是海洋，比海洋宽阔的是天空，比天空更宽阔的是人的胸怀。”宽容和忍让是一种博大，它能包容人世间的一切喜怒哀乐。当拥有了这种胸怀之后，我们的内心世界就宛如是一片风平浪静的海洋，平静但却不失巨大的力量。这才是人生的最高境界。

小魏在一家规模不小的4A级广告公司实习，她的指导老师李姐不过二十七八岁年纪，每个月薪水加奖金已经过万，季末还有提成。可怜小魏辛辛苦苦工作了两个月，每个月只拿两千块钱的底薪，除去无数伙食费、交通费，已经所剩无几，这让她非常郁闷。

让她郁闷的事还不止这些，公司明文对所有实习人员规定：客户请吃饭可以，赠送价值50元以下的小纪念品也可以拿，但如果送现金红包，实习生要讲明实习身份，不可收取。理由是“天下没有免费的午餐”，客户送红包，一定是希望有优惠，如果实习生不明就里地接纳了，相当于间接允许了对方，这就很容易使公司陷入被动。

这条规定被小魏牢牢记在心里，可是一段时间以后，她心里就又不平衡了。听到身边那些老员工眉开眼笑地相互询问对方接了多少钱的红包，她的心里就一阵别扭：凭什么呀！自己虽然是实习，可是活却并不比别人少干。为什么自己辛辛苦苦却一无所得，而别人就能轻轻松松地挣钱？她仔细地算了一下，前一个月单单自己推掉的红包就有千元之巨。她心里非常不爽，干活也开始懈怠起来。

工作就是这样，一旦懈怠起来，错误就会很快跟上来。在一次独立作业中，她犯了一个小错误，虽然问题不算严重，但却被顶头上司劈头盖脸地一顿臭骂。她心里很委屈：凭什么呀！又不是什么大事！本来就够委屈的了，出力干活不挣钱，现在还挨骂，这活还能干吗？干不下去了！她满脑子都是自己受的委屈，觉得再在这个公司里待一天，也会无法忍受。

她回去打了辞职报告，打算尽快交上去，一走了事。在公司这两个月里，她和指导老师李姐的关系不错，就忍不住跟李姐说起了这事。她对李姐说："公司太小气，实习生根本就不挣钱，这我们也认了。可是，如果希望我们不收客户红包，加班加点这么长时间，公司总也应该发点补助吧！而且，这次的事你也知道，那能算是事吗？就这么骂我！李姐，长这么大，我真没有受过这种委屈！"

李姐说："小魏，你知道我当时怎么过来的吗？我当时的情况比你现在更差，在咱们公司里实习了三个月，一分钱没有拿到，反而倒贴了饭钱和交通费。我的一个同学不服气，就去跟老总交涉，拿到了300块钱的补助。但结果呢？三个月的实习期满，他被客客气气地打发走了，而我却被留了下来。你想一想，哪个损失更大？至于上司批评你，是因为你的事情没有做好。你要记住，再小的错误也会为公司带来损失。如果领导对小问题都不闻不问的话，那么小问题迟早就变成大问题，公司也迟早要倒闭。你受了委屈，就应该好好想一想，怎样才能把事情做到最好，不让问题再次出现。你工作做得好，他还会骂你吗？显然不会！"

小魏还是有些不服气："这样讲，实习生就应该做义务劳动？我又不是义工，我在大三时做家教，一个月还挣不少钱呢。哪里像现在，出力不讨好，还挨骂。公司又没有给我多少工资，领导骂我的时候怎么可以这样理直气壮？"

李姐笑了："你呀！已经被委屈蒙蔽了双眼，只看到自己受的委屈而看不到其他了。你当然不是义工，但是却是学徒，你现在是在学知识学经验。公司会这样想：让你们在这里学习，没有向你们要钱就很不错了，一个月还给你们开两千块钱的底薪，哪家公司有这样的待遇？其实看问题两分成两面，你要从自己的角度看问题，也要从公司的角度看问题。受点委屈算什么？咱不当回事，努力做好自己的工作。如果经验有了，能力有了，工作做得漂漂亮亮，公司欢迎你留下还来不及呢！”

这么一说，小魏的委屈少了很多。她收起了自己的辞职报告，认认真真地工作，不计得失。三个月实习期满以后，她被留了下来。工资涨了一大截。她请李姐吃饭时感慨地说：“看来受点委屈真没什么！委屈也是一种动力！”

是啊，委屈也是一种动力，关键看我们怎么对待。聪明的人可以看到委屈背后，而笨拙的人则会被委屈蒙蔽了双眼。我们一旦被委屈蒙蔽了双眼，就会只看到自己的得失，而不去考虑他人，不知道应该以宽容之心对待他人。就像小魏，她就曾经被委屈蒙蔽了双眼，只知道自己心里很不爽，而不知道站在更远的角度来看待问题。其实站开了看，委屈真的不算什么，一笑了之，然后把委屈转化为动力，不是很好吗？

无论是在工作中受到了委屈，还是在与人的交往中受到了委屈，我们都应该站在更远一些，学会宽容地看待。

2. 人无完人，勿多苛求

南宋著名诗人戴复古说：“黄金无足色，白璧有微瑕。求人不求备，妾愿老君家。”其意谓：黄金无足赤，就连白璧都会有一些微小的瑕疵，人无完人，我愿意在你家里终老。这首诗是一个女子对夫家的表白，说明人无完人，勿多苛求。

是的，在生活中，每个人都有优点和缺点。如果说，非要因为斑点而否定光彩的话，那么世间哪来的伟人？哪来的榜样？就算是我们这样的平凡人，如果非要细数缺点的话，恐怕也不在少数吧！人本来就是一个优点和缺点的奇特组合体，我们可以喜欢别人的优点，也可以不喜欢别人的缺点，但一定要记住：千万不要随便因为一个人的缺点而完全否定了这个人。这样对对方不公平，也对我们自己不公平。

在工作中，我们有可能会遇到这样的事：无缘无故地受到了委屈。没错，是无缘无故。也许我们根本就没有做错什么，却被领导不分青红皂白地骂了一顿；也许我们根本就没有得罪同事，却被同事误会，以至于对我们“敬而远之”。我们做错了什么吗？仔细想一想，我们仍然发现，原因不在自己身上，而在别人身上。或许领导心情不好，而且又喜欢迁怒于别人；或许同事小心眼，对于八百年前的一件小事一直耿耿于怀，揪住不放。可以说，是他们身上的缺点，给我们带来了委屈。那么，这种委屈我们能接受吗？

如果无法接受，我们可以理直气壮地回骂领导，以释放自己的委屈；如果无法接受，我们可以和这样小心眼的同事绝交，老死不相往来。可是，这样真的是最好的方法吗？我们一定要抱着自己的委屈，揪住他们的缺点不放吗？或者说，因为这些缺点，我们就要看轻他们，把他们划在朋友圈子之外吗？

当然不！前面我们说了，人无完人，勿多苛求。在事实面前，就算我们是受害者，是受了委屈的人，也无须和他们过多计较。倘如总是计较，我们就会落入苦闷和委屈的陷阱里无法自拔，我们将永远无法真正得到朋友。世界上的人都有缺陷，就算是再好的朋友，他们也有可能会在不经意间让我们受到委屈。如果仅仅是因为些微委屈就远离了他们，那么，所有的朋友将会从我们的视线里消失。

在公司里，他是一个另类。他不善言辞，沟通能力差，学历很低，跻身于一大帮销售精英中间，显得有些格格不入。的确是格格不入，他之所以可以进入这家公司，完全是凭借关系，他的舅舅老张是这家公司的总经理，他想锻炼自己外甥的处世能力，所以就把其弄进公司做业务员。

时间久了，公司同事渐渐打听到他和别人不一样的原因。原来，他是个不幸的年轻人，从小父母离异，缺乏管教，初中没念完就辍学回家。回家能做什么呢？什么也做不了，于是，他就和一些社会上的小混混搅和在一起，成了一个人见人厌的坏小子。后来出事了，他和几个小混混一起入室偷窃时被人当场抓住，送进了少管所。出来以后，他就变了，变得少言寡言，不敢与人交流。

老张怕他再误入歧途，就把他带进了公司，希望可以通过公司的大环境慢慢改变他。虽然他已经将近二十岁了，但处事能力却依然低得像个小孩子，什么也不会。做销售工作的，最重要的就是与客户的沟通能力，可是他根本就不敢与客户沟通。因为此，来公司三个月了，他还是一点业绩也没有。老张很着急，但却无计可施。

没有业绩，当然就没有什么薪水。在公司里，他的业绩永远排在最后，差得不能再差。很多人都说，如果不是因为老张的缘故，他可能早就被开除了。但是，他毕竟还在公司里上班，日复一日地混日子。

他的改变，源于一件事。

因为没有什么业绩，所以他的工资花起来常常是捉襟见肘，每个月除了吃喝用度外，根本就没有什么剩余。看着别的同事用苹果手机，他也很羡慕，可是有什么办法呢？老张并不给他钱花，一直想"逼"着他，让他自己努力创造业绩。喜欢玩是年轻人的天性，看着别人拿着漂亮的手机，他也想要一部。买新的没有钱，于是他忍不住"老毛病"又犯了，那就是偷。他想得很简单，偷一部手机，拿出去卖掉，自己再加点钱，就可以买一部新的了。

同事小赵的苹果手机是新买的，很漂亮，他就把目标瞄准了小赵。机会来了，一天中午，小赵到楼下吃饭去了，他的新手机落在了办公桌上。这个时候，办公室里除了他之外，还有一个同事小李，而小李正趴在桌子上休息。他悄悄走过去，抓起小赵的手机，放进了自己的口袋里。离公司不远就有一家收购二手手机的地方，他打算去那里把这款手机倒手。

可是，还没有等到他离开公司，就被小李叫住了。小李问："你拿小赵的手机干什么？我可没睡着，看得一清二楚。你不会是想偷吧？"

他的脸刷一下子红了，愣在那里不知道怎样才能圆过去。他甚至想，干脆跑掉得了，不再在这里上班，反正自己做来做去都没有业绩。正当他心里七上八下的时候，小赵的声音从外面传了进来："是我让他玩的。上午来公司的时候，我答应中午给他玩我的手机，所以吃饭的时候就把手机扔桌子上了。"

小李一听，连忙道歉，还埋怨他道："你刚才怎么不解释一下呀！要不然就不会有误会了！真不好意思！"

他苦笑，解释？连自己也不知道怎么回事，怎么解释？但随即他就想明白了，一定是小赵刚才从外面回来的时候，听到小李质问自己，知道发生了什么事。可是，小赵为什么要帮自己？任何人面对这种情况，都有理由狠狠地骂自己一顿，然后打电话报警。可是小赵为什么会这样？

带着疑惑，他在私下问了小赵。小赵笑着对他说："人无完人，哪个人没有一些缺点？所以我没有必要老是揪着别人的缺点不放，而忽略了别人的优点。其实你很有能力，只是你不肯相信自己，给自己一次机会。如果当着小李的面，我说你偷我的东西，那又怎么样？我能得到什么好处？把你送去派出所吗？再进去一次，你的人生也就完了。所以，我选择原谅了你，在你犯错误之前。你明白我的意思吗？"

一阵沉默，他冲小赵笑了笑，说："谢谢你，我想，我明白你的意思了。"

从这以后，他变了，变得活泼开朗起来。在同事和朋友的帮助下，他的业绩越来越好。

每个人都有缺点，这是无可争议的事实。面对身边人的缺点，我们要怎样看待？应该怎样去做？因为他的缺点，我们就与其绝交吗？或者推其一把，让他的伤口更加恶化？这些，显然都不是最好的做法。最好的做法是包容。是的，包容，我们要学会包容一个人的缺点，因为只有包容，才能给对方强大的改正力量。记住，是包容不是纵容，就算对方的缺点使我们受到了委屈，我们也要试着去包容和宽容他。给他们机会，我们的内心会从湍急的河水中挣脱出来，汇入大海，变得无比平静。

金无足赤，人无完人，我们又何必苛求太多呢？试着用自己的宽容和忍让去融化别人的缺点，我们会发现，自己的内心变得无比平静。平静其实是一种最大的力量。

3. 忍一时风平浪静

中国人常说“忍字头上一把刀”，一针见血地刻画出了“忍”的艰难。的确如此，就算是脾气再好的人，当遇到了那些让人难以忍受的事儿，想忍住不发脾气容易吗？并不容易！当那些愤怒、生气、委屈的感觉憋在心里的时候，我们就会感觉好像有把刀子在心头乱扎乱刺，痛不可言，极想找个宣泄口一“发”为快。有些人忍住了，慢慢消化了自己的坏情绪；有些人却没有忍住，他们真的“发”出了这些坏情绪，或者暴跳如雷，或者大声呵斥，把那些“惹”到自己的人痛骂一顿。

有人会说：“干嘛要去忍啊，还得自己慢慢消化坏情绪，痛痛快快发出来多好，大不了绝交，惹自己不痛快的人，未必就是什么好朋友！”这话对吗？当然不对！生活是一个磨合的过程，无论什么时候，总有人会对不上我们的“齿轮”。但是，我们却并不能因为此就否定了他们，学会忍让，在让自己慢慢平静的同时，也给别人留下了余地。这样，才是最高明的处世方。《处世悬镜》中有句话是“忍一时风平浪静，退一步海阔天空”。可以说，在生活中工作中，那些没有容人之量，总是害怕自己吃亏，因为一点小小的委屈锱铢必较的人，往往难以走向成功。

另外，遇事不能忍让的人，往往还会给自己带来难以预料的后果。想想看，倘若我们也习惯于顺着自己的情绪，生气的时候冲动发怒，头脑一热，那么做出一些不计后果的事也未可知。“冲动是魔鬼”并非只是一句简单的戏言，如果我们无法学会忍让，学会控制自己的情绪，那么戏言也有可能成真。

人生在世，我们总得和周围的人发生交集，亲人、朋友，包括自己单位里的同事。世上没有两片完全相同的树叶，当然也不可能会有两个完全相同的人，就算是再要好的朋友，在脾气和秉性上也不可能完全一样，也一定会有差别。正因为如此，朋友之间，同事之间，产生磕磕绊绊就属于再正常不过的事情了。难道我们要因为一时误会，而和同事翻脸吗？难道我们要因为一件小事而和朋友绝交吗？如果这样做了，那么只能证明我们的内心弱小的可怜。一个连一点矛盾，一点委屈都无法担当的人，又怎么可以在职场江湖里溯流而上？

金飞在传奇故事里，曾经讲过这样一件事：在公交车上，因为拥挤，一位六十多岁的老人和一对母女发生了冲突。本来是小事一桩，双方都忍让一下，即可息事宁人。但是偏偏这对母女不肯忍让，觉得自己占了理，脾气一发，一句软话也不肯少说，“据理力争”。结果呢，老人本来就有心脏病，一生气，心脏病发作，就一命呜呼了。而这一对母女，所付出的代价，也不可谓不惨痛：母亲被判了三年，女儿被判了五年，并要赔偿老人家里二十多万元。

一件小事，酿成这样的后果，一人死，两人坐牢。我们在唏嘘感慨的同时，也应该更加深刻理解，宽容和忍让是多么可贵的一种心态。倘若这三个人之中，有一个人能够宽容一点忍让一点，那么这个悲剧就完全有可能不会发生。

在工作中，我们学会宽容和忍让了吗？在很多时候，我们稍稍退后一步，稍微忍让一下，很多事情便会烟消云散了。道理就是这么简单！虽然宽容和忍让看起来是在“退”，但请记住，这并不是懦弱的妥协，更不是投降和屈服，而是一种策略，是一种非常务实，通权达变的智慧。“退一步海阔天空”，在“退步”的过程中，我们内心会由躁动变为平静，会由弱小变为强大。“别人生气我不气”，当我们平静地看着别人因生气而浑身战栗，因委屈而歇斯底里的时候，是否会觉得自己的内心强大无比？内心安定也是一种强大！

有一天，老和尚远远看到小沙弥一个人在池塘边用脚踢着小石头，神情不悦。他用力地踢着那些小石头，似乎它们惹到了他。老和尚微微一笑，就走上前去询问：“怎么了？是不是和师兄们吵架了？”

小沙弥回答：“师父，他们刚刚取笑我，我跟他们理论，没想到他们还骂我。他们就是欺负我小，我再也不跟他们玩了！”

老和尚语重心长地说：“唉，傻孩子，你要懂得忍一时之气才好。”

小沙弥很不解：“忍？他们那样对我，我很委屈，也很生气，我不是应该和他们理论才对吗？为什么要忍？”

老和尚说：“忍，是人生最大的修养，一个人只要能够凡事忍让，不逞一时之气，必能取得成功。你看三国时代，周瑜为什么会被诸葛亮活活气死？是因为他心胸狭窄，不懂忍让。相反汉朝的韩信，他又为什么能够成功？是因为他能够忍让，能够忍受‘胯下之辱’，立志发奋，成就大业。所以，能不能够忍让，决定了一个人的心境，也能影响一个人的成败。”

小沙弥悟性很高，他高兴地说："师父，我知道了，往后有人欺负我、辱骂我、看轻我，我也要学会避开，不去理会他们。只有学会忍让，我才能像师父一样，成为一代高僧。"

忍让是智慧，更是力量。所以"忍"是成功的发要修养。生活中我们要学会忍让，学会退步，工作中我们更要学会忍让，学会退步。君不见轰动一时的"马加爵事件"，只是因为一时怒气不知忍让，不能退步酿成的吗？忍一时又有什么？退一步又何妨？在很多时候，我们并不会因为"退后"而失去了根据地，相反，"退步"也有可能是最好的进攻方式。当我们心静如水的时候，其实已经比那些心浮气躁的对手们，多了一份胜算，多了一份强大。

任何事情都会有解决的方法，但是冲动绝对是最差的解决方法。我们要学会忍让，别让坏情绪驾驭了我们。因为，一旦我们被坏情绪控制，就很有可能失去冷静，头脑发热，做出错误的事。"小不忍则乱大谋"，退后一步，冷静下来，平静地接纳一切让我们生气、愤怒、委屈的事情，然后慢慢消化，找出最好的解决方法。这才是真正的智慧，真正的强大。我们要想做内心强大的职场精英，那就别忘记了，在关键时刻，退后一步。

4. 心胸豁达方能海纳百川

伊索寓言中有这样一则故事：风和太阳比赛，看谁能使戴着斗笠的游客摘下自己的斗篷。比赛开始了，风和太阳各使手段。风以为，要想使游客脱掉自己的斗篷，就要用强大力量去征服。所以，他拼命地吹着冷风，想用冷风吹掉游客的斗篷。但是，它失望了，它的努力并没有得到想要的结果。游客因为怕冷，就紧紧地抓住了自己的斗篷，不使斗篷掉落。

太阳出来了，暖暖地照着游客，结果不大一会儿，游客觉得身上热了起来，就摘下了自己的斗篷，坐在树荫下休息。当然，比赛的结果是太阳胜利了。

很有意思的一则寓言，付出什么就能得到什么。我们给别人带去寒冷，就只能得到拒绝；我们给别人带去温暖，就能得到别人的拥抱。在很多时候，我们的宽容和豁达就是阳光，既能温暖别人，亦能升华自己。不斤斤计较，不吹毛求疵，当我们以豁达的胸怀真诚地接纳别人，包容别人的时候，其实自己才是最大的受益者。“海纳百川，有容乃大”，大海能够接纳河流，所以它永远是比河流强大的强者。

陶行知先生当校长的时候，有一天看到一位男同学用砖头扔另外一位同学。他马上过去制止这位男同学，并叫他到办公室里。当陶先生回到办公室里的时候，那位男同学已经等在那里了。

作为校长，他并没有因为自己学生的顽劣而大发雷霆。相反，他和颜悦色地请那位男同学坐下，并从口袋里掏出一颗糖递了过去：“这是奖励你的，因为你比我先到办公室。”接着，他又掏出一颗糖递了过去：“这也是给你的，我不让你打同学，你立即住手了。这说明你很听话，很尊敬我。”

原来打算过来接受批评的，没想到却意外地得到了两颗糖，那个小男孩一下子懵了。他怔怔地望着校长，不知道说什么才好。

很快，陶先生又掏出了第三颗糖，并说道：“据我了解，你打那位同学，是因为他欺负女学生。这说明你是个很有正义感的孩子，所以我再奖励我一颗糖。”

这个时候，那个男孩子哭了，他哽咽着说：“校长，我错了，同学再不对，我也不能采取这种方式。你惩罚我吧！”陶先生又掏出了一颗糖，说：“你已经认错了，证明你意识到了自己的错误。

所以，我再发一颗糖奖励你。好了，我的糖发完了，我们的谈话也结束了。”

我们不得不为陶先生的睿智喝彩，本该大声喝骂的一顿批评，却被他用几颗糖宽容地化解了。但是效果却是出奇的好。这就是宽容的力量。有人说，宽容是温暖的阳光，也以融化最为坚固的冰川；也有人说，宽容是神奇的良药，可以化解最痛苦的伤害。只要我们能够学会宽容地接纳，就能感悟到宽容的力量。

宽容是果，而心胸豁达则是因。如果我们能够拥有豁达的心胸，就能够以一种洒脱的态度面对生活，就会宽容地面对一切，而不会因为一件不足启齿的小事而耿耿于怀。就算受到了伤害，受到了委屈，我们也能积极地调整心态，解开心头的重负。再想一想，如果可以解开心头的重负，我们是否会因为全身轻松而跑得更快？当然！心胸豁达不仅能拉近人与人之间的距离，更能使我们的内心强大起来，欢快地向前奔跑。

亚历山大大帝喜欢骑马旅行。有一天，他穿着平民衣服，住进了一家小镇旅店。因为他想要了解民情，所以并没有带任何随从。当他在小镇一转悠一圈之后，想到回到旅店的时候，却忘记了回旅店路怎么走了。没办法，只好找人问路。

他看见三岔路口有一间大旅店，而旅店的门口站着一名军人，于是就走过去打听道路。他微笑着向那名军人打招呼：“嗨，朋友，你能告诉去另一家旅店的路吗？”接着，他向那名军人形容了自己所住的旅店。

那名军人叼着一个大烟斗，头一扭，高傲地打量着这个身着平民衣服的旅者，又听说他住的是一个小旅店，更加不屑，哼了一声答道：“朝右走！”

“谢谢！”大帝客气地说，然后又礼貌地问：“请问，从这里到旅店还有多远？”

那军人不耐烦地说：“一英里！”说完头又扭向一旁，不去看这个卑微的“平民”。

大帝又道了声谢，转身离开。但是走了几步，他又停下来，回过头来微笑着问军人：“请原谅，我可以再问你一个问题吗？请问你的军衔是什么？”

军人冷笑一声，轻蔑地回答：“你可以猜猜看！”

大帝风趣地问：“中尉？”

军人吐出一口烟雾，摇了摇头，意思是说不对，再猜。

“那么，你是上尉？”大帝又问。

军人摆出一副很了不起的样子，高傲地说：“还要高些，你再猜！”

“那么，你是少校了？”大帝又问。

“是的！”军人猛吸了一口烟，幽雅地吐了出来，“你应该为一名少校为你指路而感到自豪。”

大帝笑了笑，然后站定身子，向那名高傲的少校敬了一个礼。当他正要转身离开的时候，那位少校叫住了他，摆出一副对下级说话的高贵神气，问道：“如果不介意的话，请问你是什么官？”

“你可以猜猜看！”大帝重复刚才少校的回答。

“你是中尉？”

“不是。”

“那么，你是上尉？”

“也不是！”

少校拿下了叼在嘴里的烟斗，站直了身子，接着问：“那么，你和我一样，也是少校？”

大帝镇静地说：“继续猜！”

少校那高傲的样子不见了，额头上开始出汗，他用十分尊敬的语气低声问道：“那么，您是部长或将军？”

大帝摇摇头，笑着说：“继续，你已经快猜到了。”

“您……您是陆军元帅吗？”因为紧张，他说话都有些结巴起来。

大帝说："我的少校，再猜一次，你就可以猜着了！"

少校手里的烟斗掉到了地上。他腿一软，猛地跪在了大帝面前，害怕极了。他用颤抖的声音对大帝说："皇帝陛下，饶恕我！陛下，请您饶恕我！"冒犯皇帝，将会有什么后果，他心知肚明。

大帝笑着说："饶恕你什么？我的朋友，你又没有伤害我。我向你问路，你告诉了我，我还应该感谢你呢！"说完扬长而去！

生于尘世，每个人都不可避免会经历寒风苦雨，会遇到许多不尽如人意的事。因此，保持一种什么样的心胸，就会直接决定我们的人生轨迹。心胸豁达，以坦然的心态面对一切，就会让我们终生受益。什么是坦然的心态？就是当我们受到委屈时，可以淡然处之；当我们受伤害时，可以坦然面对。人生中这样的事太多太多，只有心胸豁达，我们才能在这纷乱的尘世寻找到一份宁静和安逸。其实这份宁静和安逸后面，就蕴藏着滔天的力量。

做人要心胸豁达，那就得有"得让人处且让人"的宽容。我们要学会体谅别人的错处与难处，以博大的胸怀去接纳他们。一个心胸豁达的人，往往会拥有一种宽广的视野与波澜不惊的心态。他们不计琐碎利益，而是将自我生命放置在了广阔的天地中。因此，他们会有一种更为博大的生命情怀，因为，他们会有超然的人生境界。这种人生境界，会让他们不为琐事所牵绊，以更为强大的姿态奔跑在人生前进的路上。

5.

要想抬头，先要低头

有这样一个故事，说富兰克林年轻的时候，去拜访一位德高望重的老前辈。在进门的时候，由于不小心，他的头撞在了门框上。老前辈笑笑说："很痛吧？但这将是你今天到我这里得到的最大收获。"正当富兰克林莫名其妙的时候，老前辈认真地对他说："该低头时就低头啊！"富兰克林揉揉碰疼的脑袋，跟这位老前辈道了声谢，说："前辈，你的话让我一生受益啊！"

是啊！该低头时就低头，是这人生的智慧。无论是谁，倘若要想抬头，发定要先学会低头。朋友之间因为一些小事而斗嘴，双方越说火起越大，谁也不肯忍让低头，能巩固这段友谊吗？领导因为不明事情的原委，劈头盖脸地对我们一顿狂批，我们不肯忍让低头，和其对干一场，那么还能在公司发展下去吗？很难！在很多时候，明明稍微低一下头，忍让一步，就可以化干戈为玉帛，但我们却偏偏不肯忍让，不肯低头，非要觉得坚持"原则"才能获得"尊重"，非得做出"覆水难收"的傻事。结果呢？和朋友翻脸，跟上司翻车，我们最终一无所获。当然了，我们这么讲，并非是反驳做事情的时候要讲原则，我们只是想说，即便是自己并没有错，但在很多时候，忍让低头未必不是最好的"进攻"策略。低头不是不讲原则，原是一种智慧的后退。低头不是目的，而是非常高明的策略。欧洲有句名言：难能之理宜停，难处之人宜厚，难处之事宜缓，难成之功宜智。仔细品味，不是这个理吗？

两千多年前的一天，在古希腊充满哲思的土地上，一位年轻人向苏格拉底提出了疑问："天与地间的距离有多高？"苏格拉底不假思索地回答："三尺。"年轻人大为不解，疑惑地问："怎么可

能？我们很多人的身高都在五尺以上啊！天地间的距离又怎么可能只有三尺？”他刚说完，这位西方的孔子就笑了，说道：“正因为如此，所以人要学会低头啊！”

一句普通的话，伟大的先哲便将一种难能可贵的人生态度注入了人类的血液，数千年来依然散发着耀眼的智慧之光。或许在很多人看来，君子应当傲立于天地之间，只要自己没有错，就绝不可低下倔强的头颅。可是，他们却不知道，有错低头的时候是认错，没错低头的时候是策略，是智慧，是境界。

低头不是妥协，不是退缩，也并不意味着失败。它只是暂时的退让，是一种巧妙的迂回，在这种迂回后是抬头的机会。曾经，越王勾践低下了头，失去了一个君主的尊严。在吴国，他受尽了屈辱，遍尝了苦楚，但是他还是低下了头，悄悄地退到一旁。最终，他卧薪尝胆，得到了天下。曾经，少年玄烨低下了头，任凭满朝奸臣呼风唤雨，任凭自己满腹委屈。但是，在数年的历练与成长之后，他毅然智擒鳌拜，开创了钟鸣鼎食的康熙盛世。他们都有委屈，也都有不甘，却还是适时低下了头，因为他们都知道，要想抬头，必先低头。

我们需要低头吗？当然需要！在生活中，在工作中，在很多地方，我们都需要低头。

几株向日葵孤零零地生长在路边。它们像安静的孩子，低着头，悄悄地沐浴在暮色之中。一个孩子放学路过这里，看见向日葵们一个个低着头，便大发“善心”，找来了绳子和竹竿，将它们一棵棵固定起来，让它们昂首挺立。他想，这样一来，它们就不用每天低头，然后转来转去寻找太阳了。昂着头，它们就能更好地吸收阳光，将来的颗粒也一定会更加饱满。

转眼到了秋天，别的地方的向日葵成熟了，孩子迫不及待地跑到自己“动过手术”的那几株向日葵前，满以为它们都会是最好的。可是，那几株向日葵，一个个空空如也，里面没有一粒饱满的籽。甚至里面还散发出一股刺鼻的霉烂味。这是怎么了？

带着疑问，他回家请教了父亲。父亲说："傻孩子，向日葵头朝上，里面多余的雨水排不出去，很容易滋生细菌，所以它们会霉掉烂掉。而它们低头，一则是为了表达对太阳虔诚的敬意；二则也是为了保护自己。"

其实何止是向日葵，自然界中明白适时低头的植物数不胜数。麦子青涩的时候，总是喜欢昂首挺胸，一副无所畏惧的样子。可是，当它们成熟的时候，就总会低垂着头，一副与世风无争的样子。因为它们明白，这个时候低头，可以有效地避免被风折断的危险，还能避免鸟儿的啄食，从而保存自己历经千辛万苦得来的果实。

低头是一种大胸怀、大境界、大智慧。左宗棠有一句至理名言，很适合职场江湖中的我们，他说："穷困潦倒之时，不被人欺；飞黄腾达之日，不被人嫉。"什么意思呢？他的意思是说，人不应懦弱地委屈求全，也不应愚昧地趾高气扬，应该学会适时地低头。就算在很多时候，我们是受伤者，那也应该需要低头。适时地低头，可以避免我们在现实面前碰得头破血流，遍体鳞伤，还可以让我们以宽容之心，最大限度地保护自己。这种人生境界，可以使我们在职场江湖里变得强大起来，战无不胜。

古语有云："至刚易折，上善若水。"在职场江湖里打拼，遇事我们不能退缩，这是原则。但是，如果凡事都昂着头，据理力争的话，也容易遭受挫折。所以，聪明的人在遇到事情的时候，都会做到如流水一样，善于便利万物，但却不与人纷争不休。能低头者，方能抬头，这是一种职场的智慧。我们应该如同冬天雪里的大树，当被压住身子的时候，适时低一下头，甩掉积雪，才能有力量重新迎接挑战。

荷马曾经说过："智慧的标志是审时度势之后再见机行事。"这是对低头最好的诠释。在职场中，受到打击了怎么办？受到委屈了怎么办？低头，先低头让一步，顺便宽容他们的过失，然后相机行事。在宽容与忍让里，我们的低头会得到升华，给我们带来无与伦比的力量。低头不是内心弱小,而是在为抬头积蓄力量。

6.常怀宽恕之心,内心安定强大

佛曰:“每个人的内心深处都有一个生活空间,倘若心里被许多愤怒、怨恨、成见、委屈、不满所填满,那么,其心理空间就会被无谓的烦恼所占据。”这个时候,紧张、烦闷等不适的感觉就会油然而生。只有常怀宽恕之心,才能从根本上解决这些问题。没错,常怀宽恕之心,在与人的相处中,只有学会忍让与宽恕,我们才能发现另一番美好、和谐的新境界。

那么,什么是宽恕之心?澳大利亚畅销书作家安德鲁·马修斯说:“一只脚踩扁了紫罗兰,它却把香味留在那脚跟上,这就是宽恕。”在生活中工作中,我们常在自己脑子里预设了一些规定,认为别人应该有什么样的行为。如果对方违反了规定,那就会引起我们的不满和怨恨。或许有些时候,别人也确实触犯到了我们利益,这也会引起我们的不满和怨恨。可是,静下心来好好想一想,我们真的有十足的理由去怨恨别人吗?前者是我们自己设置了规定,后者是我们的利益受损,所有的一切,都是站在我们自己的角度上去考虑的。如果眼界放宽一些,换个角度来看,我们就会发现,对方其实并非“十恶不赦”,完全有值得我们宽恕的理由。但前提是,我们得去寻找。

大多数人一直以为,只要我们不原谅对方,就可以让对方得到一些教训。他们的想法是:“只要我不原谅你,你能有好日子过吗?”真的是这样的吗?闭上眼睛好好想一想,我们就会发现:紧盯着别人的过失,不肯去原谅别人,最难受的是我们自己。平白无故受了委屈,还得受一肚子窝囊气,甚至连觉也睡不好。怪谁呢?怪我们自己,心胸不够豁达。很简单的一个道理，我们觉得别人有罪，自己也不快乐。

楚庄王打了胜仗，非常高兴，于是就在宫中大摆筵席，招待群臣。一时间，宫中喜气洋洋，一派歌舞升平的气象。酒酣兴浓，楚庄王也是兴致高昂，于是就吩咐自己最宠爱的妃子许姬，轮流为群众斟酒助兴。这可是一份荣宠，大臣们兴致更高了，酒到杯干。

突然，一阵大风从宫门口裹了进来，把蜡烛都吹灭了，宫中立刻陷入一片漆黑之中。黑暗之中，有人拉住了许姬的衣袖，打算趁机亲近她。许姬不敢声张，怕扫了皇家的声誉，但在拉扯中她却趁机拔下了那个人的帽缨，然后赶紧挣脱离开。

许姬来到楚庄王身边，悄声对楚庄王说："大王，刚才有人趁黑暗调戏我。匆忙中，我已经拔下了他的帽缨。请大王吩咐点灯，把那个没有帽缨的人抓出来，并且立刻处置。"楚庄王一听，也有些生气，心想这人也太大胆，居然敢欺负到自己头上来了。可是转念一想，他却慢慢平息了心中的不快。

他对许姬说："不必了！今天我请诸位大臣前来喝酒，酒后失礼是常有的事，不宜怪罪。再说，这些大臣们为国效力，出生入死，我又怎么能为了显示你的贞洁这点小事，而辱没了自己的臣子呢？些许小事，你就不必挂在心上了。"于是，他对堂下正在黑暗中端坐的大臣们说："各位爱卿，今天寡人请大家喝酒，大家定要喝得尽兴，否则可就对不起寡人的一番诚意了。请大家都把自己的帽缨拔掉，若不拔掉帽缨，则不足以尽欢。"

群臣纷纷拔掉了自己的帽缨。楚庄王这才命宫人点灯，宫中一片欢腾，众人酒酣而散。

三年后，晋国大肆侵犯楚国，楚国到了生死存亡的关键时刻。为了鼓舞士气，楚庄王亲自带兵作战。在交战的过程中，他发现自己的军队中，有一位年轻将军，骁勇异常，总是把生死置之度外，奋勇杀敌，他所到之处，挡者披靡，所向无敌。甚至在这名年轻将军的影响下，整个战局也发生了改变，三军士卒奋勇杀敌，如狼似虎。在这次至关重要的交战中，晋军大败，楚军力挽狂澜，大胜回朝。

楚庄王大为开心，随即召见那位年轻将军，问道："寡人看到你在这次战斗中异常英勇，但平日却并未发现你有什么特殊之处？这是何故？你为何要如此冒死作战呢？"

听到问话，那人"扑通"一声跪倒在地，向楚叩头言道："大王，三年以前，在大王宫中，微臣一时贪酒，却没有想到酒后失礼，犯了死罪。没有想到，大王不仅不追究微臣的过失，反而想方设法保全了我的面子。微臣心下感动，对大王的恩德牢记于心，不敢有一丝忘记。从那个时候起，微臣就已经下定决心，要用生命来报效大王。而这场战争，正是我戴罪立功的大好时机。所以，我才会不惜性命，奋勇杀敌，即便是战死疆场也是死而无憾。大王，微臣就是三年前被王妃拔掉帽缨的罪人呀！"

听了他的话，楚庄王与周围的将士们无不为之感动。楚庄王赶紧拉起还跪在地上的年轻将军，激动地说："人谁无过？当日寡人知道你是酒后失态，所以不予追究。你也不必把这件事再放在心上了。"

那位年轻将军早已是泣不成声。

是啊，人谁无过？圣人也会犯错，更何况我们这些平凡的人？所以，在我们得理的时候，要设身处地站在别人的立场上好好考虑考虑，不能咄咄逼人，抓住别人的小辫子不放。我们要常怀宽恕之心，去包容别人和接纳别人。能够常怀宽恕之心，是为人处世的一种美德与力量。我们应该知道，宽恕了别人，得益的并非只有别人，还有我们自己。常怀宽恕之心，能够让我们少生气、少抱怨、少冲动，还能使我们多谅解、多朋友、多条路。想想看，不是吗？我们宽恕了别人，自然就不再会生气和抱怨；我们宽恕了别人，自然也能像楚庄王一样，赢得别人的信任。

古人说："唯宽可以容人，德厚可以载物。"宽恕是一种美德，更是一种境界。面对工作中的点点滴滴，当我们拥有宽恕之心的时候，内心就会变得无比平静，甚至波澜不惊。不急、不躁、不气、不怒，我们只会宽厚地对待别人，化误会与无形，化矛盾为祥和。如此，我们又怎么能不傲立于职场江湖？当然，一定！

常怀宽恕之心，我们的内心就会安定强大。

第九章

保持精力，饱满的精神可载起心灵之舟

十八世纪美国最伟大的科学家和发明家本杰明·富兰克林说："活力加毅力可以征服一切。"从这句话里，我们可以得出"征服一切"必须要有的两点：一个是"毅力"，另一个是"活力"。毅力即为意志力，是指我们向前奔跑的"心理忍耐力"；活力则是生命力，是指我们向前奔跑所必须要有的能量。在人生旅途中，很多时候，我们都只注重"心理忍耐力"，而忽略了"活力"的重要性，所以纵然我们目标明确，意志坚定，但却还是会无力地倒在中途，抱憾而归。原因无它，只因为我们精力不够，没有足够的能量支配身体的前行。累的时候，还是歇歇吧，给自己补充一些能量，才能强大得起来！

1. 别让自己心太累

我们的心累吗？不要去问别人，这个问题没有人可以回答，能回答的只有我们自己。我们的心累吗？身处于职场江湖，大多数人都会感到心累，我们可能也会。原因很简单，因为生活中工作中毕竟会有太多的无奈和不如意。每当这些不顺心的事向我们袭来时，我们常常就会抱怨生活，抱怨自己：为什么会这样？我为什么会这么不幸，这么可怜？

很多时候，我们都会在这种抱怨和感叹中生活以及工作，至于自己到底做了什么，反而不太清楚。在这种抱怨和感叹里，我们的心理负荷日渐沉重，甚至感觉沉甸甸的，压得心口喘不过气来。我们很疲惫，无论是精神还是体力上，都被莫名的疲惫感所包围。我们到底是怎么了？为什么原本应该是朝气蓬勃的自己，却变得暮气沉沉？为什么原本应该是精神抖擞地工作，现在却只能无精打采地工作？心太累，还是心太累！我们在不知不觉中陷入了一个怪圈，觉得自己的精力和能量突然间消失了，再也提不起来工作的兴趣。心理负荷过重，已经让我们陷入精神的泥潭。倘若无法突围而出，我们就再也无法锁定新的人生坐标。

我们该怎么办？

别让我们的心太累，要学会适当地放松心情，好好休息一下，以恢复旺盛的精力。

大学毕业，她欢欢喜喜进了这家公司。她很喜欢自己的工作，觉得能做自己喜欢的工作是最幸福的事。所以，在工作上，

她一直都是踏踏实实，勤勤恳恳，本本分分。因为表现好，公司老总对她印象不错，原本需要半年才能转正的工作，三个月后就给她转正了。当然，转正后工资往上涨了不少，这也让她暗自开心。

可是，最近这一段时间她却开心不起来了。为什么？因为公司分工不怎么明确，有好几次同事犯了错误，却都莫名其妙地把黑锅扣在了她的身上。大家都知道她是新员工，在公司里没有什么靠山，一来二去，她就成了大家惯用的"替罪羊"。有同事好心地安慰她："没事，反正你是新来的，被公司发现'犯'两次错也没有什么关系，新员工业务'不熟'纯属正常，你就多忍忍吧。"忍？怎么忍？她感觉自己的忍耐已经快到极限了。

有一次，由于主管的疏忽，她所在的部门搞砸了一项业务，使公司损失不小。当时主管做决定的时候，她在旁边发现了不妥的地方，并及时告知了对方，可是主管却并没有听从她的意见。现在出问题了，照理说全部门的人都负有责任，可是大家你一言我一语，居然都又把责任推到了她的身上。说她早就发现了错误，却不及时指出，是成心让大家不好过，想把项目搞砸。

她很伤心，但更多的却是气愤：凭什么呀！凭什么自己就得背黑锅？

她以为，大家再怎么说，公司领导总看得见吧，领导总会给自己一个公正客观的评价。让她差点气哭的是，经理也觉得这事是她不对，对她的印象大打折扣不说，甚至还把她叫到办公室，狠狠地批评了一通，说她不仅工作没有做好，还和同事们的关系处得很僵，得接受处罚。

这是怎么了？她迷茫了，想想工作中那些事，有时候甚至会有哭的冲动。她感觉自己很累，上班的时候老想自己的委屈，下班的时候也经常会想。她开始变得无精打采，再也不像以前一样精神抖擞。和同事相处，她也是爱搭不理，没有一点年轻人应有的朝气。大家都说她变了，其实只有她心里清楚：自己是太累了。

这是心太累！在工作中，我们有过这样的经历吗？我们肯定会有过？工作不顺、事情太难、朋友闹翻、上司刁难，等等。如果处理不好，这些事情都会让我们心神俱疲，感觉很累很累。一个人内心的负荷有限，就像货车也需要限载一样，如果负重太大，就会出现“危险”。货车超载，将会有出现事故的危险；我们的心灵“超载”，就会有不堪重负的危险。不堪重负会让我们的心太累，会让我们厌烦生活、厌烦工作，甚至倒在前进的旅途中。可以说，如果心太累，我们就会如同暮年的老人，将再也没有足够的精神与力气奔向成功。或许，在半路上，我们就会气竭而“亡”。

有人说，人活着便注定得有奔波与劳碌，而奔波与劳碌又必定会使我们很累很累。这句话的前半部分正确，后半部分却不见得。没错，人生在世，活着就一定得考虑生活的事儿，所以总会忙忙碌碌地为生活而奔波。可是，虽然所有人都在忙碌，但却并非所有的人心都会很累。想想看是不是这样？为什么我们身边的有些同事，每天能够开开心心、轻轻松松地应对工作，而另外有一些同事，则要疲惫不堪地应对工作？是因为工作性质不同吗？当然不是！就算是他们做同样的工作，也一样会出现这种情形。根源在于，有些人会调节，不让自己的心太累；而有些人却不会调节，让自己的心灵之车“超载”。

心累到底是什么？一千个人眼中会有一千个哈姆雷特，也许每个人的看法都不尽相同。但是，有一点却是相同的，那就是如果心总被太多的琐事，太多的情绪所包围，就一定会累。试着做一个聪明的职场精英吧！我们可以有很多的工作要做，可以有很多的事情要考虑，但却一定不要让太多的琐事驻留在心里。愤怒也好，生气也罢，当事情过去的时候，就把这些东西从自己的心里拿走，别让它们成为心里的负担。一颗轻轻松松的心灵，远比一颗负担重重的心要强大得多。

2.

给自己造一个小憩的港湾

在职场中，有这么一个奇怪的现象：几乎所有的人都在忙，朝九晚五，加班加点，把时间安排得满满的，像陀螺一样转来转去，丝毫没有停歇的机会。这样的忙碌，让他们很累很累，但是，他们却又不知道自己到底在忙些什么，又为什么会这么累。其实他们之所以会感觉很累，是因为工作完全主宰了他们，而不是他们主宰了工作，本末倒置使他们的心灵负荷过重，所以才会感觉到很累。

我们也会感觉到很累，身体疲惫，心灵也疲惫。那么累的时候，我们应该怎么做呢？有人说："把心灵交给自然，交给近处的水草，远处的浮云，还有身旁水流的声音，张开憧憬的翅膀，在大自然的怀抱中尽情翱翔。"确实，旅行是一个让心灵休憩的好方法。可是，在都市里生活，在都市里工作，旅游毕竟不是长久的办法，我们不可能一感觉到疲惫，就跑到郊外去旅游，给自己减压。所以，我们必须学会给自己造一个小憩的港湾，让自己累的时候可以休息一下。当我们面临着巨大的生存压力的时候，当我们的不满情感超过了心灵负荷的时候，就需要来到自己这个小憩的港湾，好好休息一下，释放心灵的压力，让心灵回归轻松。

那么，我们怎样才能给自己造一个小憩的港湾？境由心生，每个人感觉心累的原因都不一样，所以，感觉心累的时候，就想办法给自己找一个放松心情的地方。那个地方，就是我们小憩的港湾。在工作中，当我们心情烦躁，感觉很累的时候，可以走到窗口，沐浴两分钟阳光。温暖的阳光会驱走我们的疲惫，恢复我们的情绪，能让我们精神愉悦，心理放松。这个时候，那温暖的阳光，就是我们小憩的港湾。

倘若正好没有阳光，那也没有关系，哼两分钟儿时的歌曲。童年是我们一生中最无忧无虑的时节，轻声哼唱儿时喜欢的歌曲，能让我们暂时脱离复杂的现实，投入对儿时美好事物的回忆中。有些人会说："那些歌，我早就忘记了。"没关系，轻哼两声自己喜欢的歌曲，也是一种很好的放松方式。只要可以抛开心灵上的锁时，让起轻松起来，那么随处都是自己可以小憩的港湾。

其实说来说去，能让我们小憩的港湾，就在我们心中。因为我们心里总会被情绪、压力和琐事所占据，所以总是会忽略了一些可以让自己放松的地方。我们总会固执地抓着那些情绪和琐事，觉得只要努力解决，就会好起来，却殊不知在很多时候，放下就是最好的解决方式。只要我们调整自己的心态，抛掉那些多余的心理负担，那么无论在什么地方，都有我们小憩的港湾。心若安好，便是晴天，抛掉负担，我们的心灵就会轻松起来。当然，也会强大起来。

孙阳在一家合资公司担任财务部经理。他是典型的实干主义者，从普通职员干起，凭着强悍的能力和出色的业绩，用三年的时间做到了财务部经理的位置。他的工作能力，得到了老总和同事们的普遍认可。

做财务部经理以后，公司给他配备了专车，并分了一套房子给他。他拿着高薪，开着专车，生活品质得到了很大的提升。照理说，在工作上他应该干劲十足才对。可是恰恰相反，他的工作热情忽然一落千丈，办事效率也大不如前。公司里的朋友发现了他这一情况，就关心地问他到底是怎么了。他说："我也不知道是怎么了，就是感觉太累，做什么都没有精神。"

怎么会太累呢？朋友和他一起分析了原因：第一，做到财务总监以后，工作更忙了；第二，为了工作不出现岔子，很多事得自己亲历亲为；第三，公司今年效益不好，担心高层领导要换；第四，下面员工不太容易管理，而且多人和高层领导有亲戚关系，不能得罪，只能在后面收拾烂摊子；第五，升职无望，因为董事长安排自己的侄子做首席财务官……

让他吃惊的是，一条条罗列下来，他和朋友居然总共找出了十几条原因。而这十几条原因，每一条都有“理由”让他感觉很累。他失望地看着朋友，苦笑着说：“看来，今年我是流年不利，注定要很累，但却累而无功。”

朋友看着他手中那十几条醒目的“理由”，微微一笑：“一条小船，在大海中航行，突然遇到了很大的风浪，船就要翻了。如果是你，要怎样做，才能避免船翻的噩运？”朋友突如其来的问题，让他有些发懵：怎样才能避免船翻？

他想出了办法，比如：降下小船的风帆，或者在小船的四周绑几个空油桶以维持平衡……他想出了很多办法，对朋友侃侃而谈。朋友一言不发地听着他讲，等到实在想不出什么好办法了，才缓缓接口：“你想了这么多办法，虽然也很有用，但是，为什么不把船开到港湾去呢？那里没有风浪。”

他一下子愣住了：是啊！与其用尽全力，让小船在风浪中挣扎前行，倒不如把小船开到一个平静的港湾里，稍微休息一下。这样，既能保存实力，也能恢复体力。只需要给小船找个休憩的港湾，一切难题就都迎刃而解了。我们为什么不去找一个小憩的港湾呢？只要找一个可以让心灵休憩的地方，稍微休息一下，就可以让心灵恢复旺盛的精力。

他撕碎了那张纸，微笑着和朋友道别，愉悦地开始了工作。他不再总是为工作中那些事烦心，当有烦恼的时候，他就去想一些工作中的开心事。对他来说，开心的事，就是风平浪静的港湾。他也会站在窗口，什么也不想，让自己静静地沐浴在阳光里，对他来说，那些阳光就是小憩的港湾。心放开了，他忽然发现，原来自己的心，可以有很多休息的地方，只是以前不曾发现罢了。他好像做了一些事情，让自己的心情变得轻松起来；但是，他却什么也没有做，只是调整了一下心态，让自己的心灵得到了休息。

当然，他又恢复了强悍的战斗力，每天都能精神抖擞地应对工作。他不再感觉到累，而是觉得自己浑身有使不完的力气。

当真的累的时候,“休息”一下,他马上就又是一个内心强大的职场精英。

两年以后,他成为了公司的首席财务官。

生活在由钢筋混凝土搭造的丛林中,生存的压力和竞争往往会让我们喘不过气来,各种各样让人心烦的事情也会给我们雪上加霜。所有的这一切,都会让我们很累很累,如何调整好心态,释放自己心灵上的重负,寻找适合自己的合拍节奏,成了我们必须要学的课程。很简单的一个道理,倘若无法让自己的心灵得到休息,我们只能在疲惫中日复一日地加重疲惫。如此,毋庸说强大了,我们想要战战兢兢地行走在职场,恐怕也会变得很难。所以,无论如何,当我们累的时候,请给自己造一个小憩的港湾。

倘若心灵上一直有过重的负荷,那么我们的职场生活将会很累;倘若很累,那么我们就无法在工作中取得成就。辛辛苦苦却总也无法取得成就,是职场人的悲哀。我们不要这种悲哀延续下去,所以我们需要学会放松自己,让心灵强大起来。

3. 放宽心,别烦恼

“别着急,慢慢来,把心放宽事情就理顺了。”工作中,也许有同事曾经这样对我们说过。为什么把心放宽了,事情就理顺了,难题就迎刃而解了?为什么事情本身没有改变,只是把心放宽了,就会得到不一样的结果?所谓宽心,是指解除心中的焦急愁闷,使之放心安心。宽心改变不了事情的本事,但是却改变了做事情的人,使之心境发生了变化。也许原本很烦恼，在放宽心之后，烦恼烟消云散。试想，是以平静的心态工作效果更好，还是以烦躁之心工作效果更好？答案毋庸置疑，遇到烦恼事时把心放宽，抛掉烦恼，我们的心就不会太累，问题也就容易解决得多。

道理虽然如此，但是在职场江湖里，想要做到这些却有些难度。在遇到烦心事的时候，很多人明明知道烦恼于事无补，但却还是会不由自主地烦恼。有些人甚至还会说：为什么不烦恼？那些烦心事搁谁身上谁受得了啊！不知道烦恼的人才有问题！是这样的吗？当然不是！我们承认那些烦心事总会让人烦恼，但是会调节的人却能把心放宽，把烦恼抛掉，轻装上阵，以最佳状态迎接挑战。

过去有一部日本影片，内容描述的是孙悟空修习法术的过程。影片中唐三藏对孙悟空说："你若要随我学道，必须天天站在同一个地方一百天；站过之后，跪在那里一百天；跪过之后，举起双手一百天；然后浸到水里一百天，置身火中一百天……总之，要经过这许许多多的考验，我才教你道法。"孙悟空听了，二话不说，就依照唐三藏所讲的话，一百天站着不动，一百天跪着不起，一百天高兴双手……或许是五个一百天，或许是十个一百天，在经过了许多个一百天后，他终于学成了道法。对于我们来说，这一个一百天接着一个一百天的工作，确实会让我们烦恼，而且在工作中确实会有很多烦心的事。倘若我们总是无法使自己放宽心，倘若我们总是被烦恼牵着鼻子走，那样不但会很累，而且还会一事无成。如果影片中的孙悟空不知道放宽心，不知道调节自己的心态，使烦恼消失，那么他就会被许许多多的烦恼压死，更不要说修道了。

抛开烦恼，消除心灵的重担，还给自己一份轻松的心情，是使我们内心强大的关键。

在公司里，小吴的人缘是有口皆碑，这不仅因为她的工作能力，还因为她心胸宽广。

两年前，她和公司里的另外一位同事竞争一个副经理的职位。从学历、资历、业务能力等方面来看，她比那位同事略胜一筹。可是，在初试告捷之后，她却主动弃权，把名额让给了那位同事。有些同事非常不解，问她："你怎么这样啊？不想做副经理吗？干吗好好地让给别人了啊？你一定也不比他差！"她笑了，说道："是啊，我当然不比他差。可是，我还有很多机会。我之所以会主动放弃，是因为他的生活压力很大，我何必给他添乱呢？就算是成人之美吧！"原来，她不小心听到了竞争对手给家人打电话，知道了对方生活艰难，所以才做了这个决定。

她一点不为自己主动放弃这次机会而烦恼，对于她来说，下次还有机会竞争，可是帮人却无法等到下次。

小吴也有很大的脾气。有一次，她和一位销售部的同事因为某事争得面红耳赤，谁也不肯退让。她脾气一上来，居然向对方吼了起来，伤了和气，大家不欢而散。第二天见面的时候，那位同事气呼呼的，还在为昨天的事生气，没想到她却主动向其道歉："昨天的事是我对不起，我真心向你道歉。都是我不好，非要和你争出个是非曲直出来，结果伤了和气。如果你不介意的话，咱们和好如初怎么样？"那位同事在吃惊之余，非常开心地接受了她的道歉，一场矛盾就此化干戈为玉帛。

事后，那位成了她好朋友的同事问她："当时咱俩吵得那么凶，我在第二天还在烦恼呢！可为什么你好像没事人一样？难道，你不为这事烦恼吗？"

小吴笑了："错了，我并不是不烦恼，只是吵完后我仔细想了想，觉得这架吵得真不值。既然不值，为什么还要放在心上呢？所以回到家里的时候，我已经把这份烦恼消化掉了。"

公司是一个复杂的社会群体，什么样的人都有。虽然小吴人缘很好，可是也免不了被别人在背后说闲话。有一次，老吴的好友小张又听到有人在说小吴的坏话，而且说得很难听，不堪入耳。小张实在忍不住了，就对她说了实情。没有想到，她听完小张的话，不但一点不生气，不烦恼，反而认真地做了自己检讨。她对小张说："既然有人说我闲话，那么可能是我无意中伤害了别人。所以，我一定要弄清楚，自己在什么地方没有做好，并设法弥补。”小张很是不解：“可是，他们那样中伤你，你就一点不觉得难受吗？你也一点不为这些没有由来的闲言碎语烦恼吗？”

她又笑了：“何必烦恼呢？放宽心，把烦恼扔在一边，才能轻轻松松解决问题啊！”

几天之后，小张发现，小吴真的解决了问题，和那几个同事在一起有说有笑。她豁达大度，不计得失的人生态度赢得了公司的普遍认可。很快，在又一次的选拔中，她脱颖而出，成为了公司最年轻的经理。

有人说，人生要经得起各种烦恼才能有成就，想想看确实如此。学生要经得起烦不胜烦的考试，才能成材；老师要能耐得住性子，才能成就学生的学业；商人做生意失败，要经得住繁琐的细节，才能卷土重来；员工要经得起工作中的各种烦恼，才能变得强大。在这些事情里，有着太多的烦恼，就算我们经得起，也会身心俱疲。可是，如果能够放宽心，那么让我们身心俱疲的烦恼就会不复存在。为什么？很简单，天宽可容万物，地宽可纳高山，只要拥有了“宽”，我们的内心世界就会多出许多空间，那么些许烦恼，在偌大的空间之中就会显得微不足道了。

因为放宽了心，我们就不会再去计较那些让人烦心的事儿，取而代之的，是一种平和高远的境界。《菩萨戒经》里讲，佛陀在过去世修行的时候，曾经被五百个“健骂丈夫”追逐恶骂，佛陀走到哪里他们就跟着骂到哪里。然而佛陀是怎么做的呢？他放宽了心，不去计较这些辱骂，“未曾于彼起微恨心，常兴慈救而用观察”，用这种修持，他最终证得无上菩提。

放宽心，别把烦恼当回事儿，让自己的心轻松起来。这样，我们的内心也会安定强大起来。

4.

静思索，有妙招

有人习惯用“一锅糨糊”来形容自己的大脑运作，其意谓，大脑就像是黏稠的糨糊一般，无法正常思考，无法对事物做出正确的判断。我们知道，一个人要想在事业上有所成就，就需要有清醒的头脑，倘若脑子总像糨糊一样，想不清，辨不明，那么怎么能够敏捷地把工作做好？要想在事业上有所建树，就必须要保持清醒的头脑。

我们有清醒的头脑吗？在很多时候，我们也想安静下来工作，可是，四周此起彼伏的电话声、电话交谈声、同事说话声，以及翻动文件的声音，都会让我们心情浮躁，进而大脑一片混乱。还有，工作中遇到的很多烦心事儿，也会让我们的精神处于一片空白状态。在这些时候，我们的大脑就会卡壳，会处于一种被动的运作状态，很多原本可以解决的问题，在这时也会变得无比艰难。事情其实没有变，解决方法一直摆在那里，只是我们的大脑“开不动”了，当然也就无法解决问题。沉下心来，把心中乱七八糟的杂念捋平了，还大脑一个清净，我们就会发现，那些被“糨糊”湮没的方法，又回来了。

在日本，有一个叫做西村金助的人。他有一家小工厂，生产的东西比较有意思，是一种古代的计时工具——沙漏。在古时，沙漏的作用很大，人们用其来计算每天的时辰，但是等到时钟被发明出来以后，沙漏的作用就渐渐被人们遗忘了。慢慢地，沙漏成为了一种古董，退出了历史舞台。

没有了实用价值，还有谁会去买这种东西？当然，买沙漏的人还是有的，但那只是一些爱好者。他们买沙漏，纯属好玩，数量自然少之又少。在这种情形下，西村金助的厂子接到的订单越来越少，已经很难再赚到钱了。刚开始的时候，他还苦苦支撑，可是几年之后，他也彻底放弃了，只能宣布停产。

他在事业上陷入了低谷，心情十分低落。这种情绪影响了他的生活，他每天都生活在苦闷之中，经常对天长叹。由于情绪不佳，他的精神差到了极点，每天做什么事情都是无精打采。直到有一天，在回家的路途中，他看到一群孩子在做游戏，孩子们那快乐的笑容让他也感到了快乐。他忽然想到：为什么自己不能放松心情呢？每天心情沉重要过生活，轻轻松松也要过生活，那又何必让自己生活在黑暗之中呢？他又想到："好好放松一下，说不定会有奇迹出现。"

于是，他便每天看看球赛，听听音乐，有时候还带着妻子和孩子一起出去游玩。在这种心态下，他的脑子变得异常灵光起来，开始涌现一些以前不曾想到的点子。有一天，他又和平常一样随便翻看一本关于赛马方面的图书，以打发无聊的时光。突然，书中的一行文字闯入了他的眼帘："在现代社会里马匹早就失去了运输的功能，但它以一种高度娱乐的姿态重新出现在社会中。"这几行文字触动了他活络的思维，他想："既然马匹都能被开发出新的用途，那么我的沙漏呢，是不是也能被开发出新的用途？"

这种想法让他欣喜若狂，他立马开始研究起自己的沙漏来。这个时候，他已经收起了自己的所有烦恼，把全身心都投入到了沙漏的研究之中。沙漏的新用途在什么地方呢？计时的用途已经被淘汰；做玩具似乎也不太适合，没有哪个孩子愿意拿着一个沙漏玩。那么，沙漏到底能够做什么呢？他陷入了苦思冥想之中。

他想了很久，还是没有想出好的方法，于是就走到屋外，想散散步以消除疲劳。当他路过一家商店的玻璃橱窗时，看到里面有一个人正在打电话，而且一边打电话一边看手表，似乎在计算时间。他灵机一动："为什么不做一个沙漏，帮助打电话的人们掌握时间呢？如果做一个限时三分钟的沙漏，并把它放在电话机旁边，那么人们在打长途电话的时候，就不会担心超过三分钟，这样就可以非常有效地节约电话费（当时的电话费并不像今天一样便宜）。就算是平时不打电话的时候，电话机旁边的沙漏，也可以作为一种装饰品。那一点一点往下落的沙子，不是正好可以缓解人们紧张的生活节奏吗？”

他为自己的创意感到高兴，并立刻开始动手制作这个产品。做沙漏是他的老本行，所以设计出一个精致漂亮的沙漏并不难。很快，他就设计出一款小巧、精致、漂亮、实用的沙漏，而且可以用螺丝钉固定在电话旁边。由于成本不高，他的新产品价格很便宜，所以一上市就受到了人们的喜爱，销路非常好，平均一个月能卖出去三万个左右。这个成绩，打破了厂子以前的销售记录。西村金助也从一个已经失业的“小业主”，摇身一变，成了一个富翁。他说：“如果有什么东西会过时，那就是人们的脑袋。”

是啊，在职场江湖，我们可以什么都不怕，但却需要时时防止自己的脑子“过了时”，无法想出解决问题的方法。没有方法，我们做任何努力，都有可能会成为枉然。所以，方法，我们必须要学会寻找工作的方法。方法就如同是一座桥，架在我们和成功之间，没有了方法，何谈成功？很难！

可是，方法怎么得来？用一个糨糊似的脑子，能想得出好的解决问题的方法吗？怕是也很难！我们总听到别人说：“冷静一下，不要着急，一定会有办法的！”冷静能给我们带来什么？冷静只是还给我们一个清晰的大脑，让大脑正常运转，想出解决问题的方法，仅此而已。所以，我们要学会抛掉杂念，抛掉影响我们思维的负面情绪，过滤掉脑中的“杂质”，让清晰的思路浮出水面。如此，在职场中闯荡，我们就能够走得更加轻松。至少，遇到问题的时候，我们可以有一个安静的思索空间。

不要着急，静下心来，放松，我们就能够找到解决问题的方法。

5.

泛舟心灵之海，静享强大内心

现代生活的节奏之快让人咂舌，但是很无奈，我们必须要在这快节奏的生活里迎接各种挑战和机遇，品尝或酸或甜或苦或辣的各种琐事带来的情绪。聪明的职场人士，知道如何化解这些琐事给心灵带来的影响；而笨拙的职场人士，则会被这些琐事左右了生活，左右了工作，甚至气喘吁吁，不堪重负。

所以，在职场中打拼，我们需要有饱满精神，以应付一波接一波心灵压力的狂轰滥炸。饱满的精神可使我们工作从容、富有朝气、勇敢顽强、坚忍不拔、思维敏捷、斗志旺盛，我们甚至可以说，能否拥有饱满的精神，是我们走向成功的关键。我们当然可以这样说，一个身体健康的人，和一个身患顽疾的人，岂可同日而语？而饱满的精神，则会使我们拥有"一副健康的体魄"，拥有无与伦比的活力，以更高效的姿态，走向成功。

可是，事实上是，在现实生活中工作中，很多人都难以保持精力，难以拥有饱满的精神。为什么呢？原因很多：他们可能很着急，急于找女朋友，急于结婚，急于买房买车，急于出门旅行，周游世界。于是，他们的内心非常着急，总是在考虑为什么自己挣钱这么少？为什么自己到目前为止还不成功？因为着急，所以他们开始在工作中浮躁起来，没有耐心，没有毅力，总是会觉得自己很疲惫，但却一无所成。

他们可能会感觉很烦躁，因为工作中的琐事太多。可不是吗！今天挨上司批评了，明天和同事闹矛盾了，后天工作卡壳了，让人心烦的琐事接踵而来，不想都不行！在这些琐事的包围中，他们也会觉得很累，精神疲惫。

他们还有可能会感觉很无力，因为目标太远，似乎遥不可见。总是盯着那个遥远的目标，而自身的能力又摆在那里，会让他们产生一种高山仰止的无力感。怎么办？自己好像很难达到那个目标，可是又不愿意放弃。于是在纠结中，饱满的精神日渐被失望和无望所吞噬，他们开始感觉到精神疲惫，有心无力。

太多太多的原因，都会让他们感到很累，似乎再也抡不起划桨的双手，向着成功航行。怎么办？怎么办？我们是不是也这样？是的！很多时候，我们都会被外来的压力，内在的压力，压得精神萎靡，再也没有一丝力气，走向成功。所以，在工作中，我们常常会心不在焉，我们也常常会坐卧不宁，我们没有耐心做完一件事情，也总是在夜深人静的时候计算自己的得失。这到底是怎么了？我们太浮躁，没有还心灵一份宁静，使自己的内心强大起来。我们还很弱小的内心，甚至经不起一丝内外压力的打击。

所以，我们必须要保持精力，让自己的精神回归饱满，让自己的内心重新强大。

张华毕业于北京某大学，在北京工作了一年后，感觉不适应北京的气候，就回到了老家烟台。在老家，她顺利地在一家民营企业找到了工作，负责处理办公室的事务。这份工作，不忙，不累，没有多少新鲜感，但就是琐事很多。一年之后，她就开始对这份工作产生了极度厌烦。上班的时候，她无精打采；下班的时候，她也会感觉很累。她觉得，工作就是受罪。

在与一些老同学的联系中，她得知很多同学多次跳槽择业，有些甚至已经进入了全球五百强企业。她心中一动："既然自己的工作这么辛苦，为什么不走出去，择优而入呢？"这样的念头在她脑海中一出现，便再也挥之不去。她总是想，换个工作，一切就都好了。架不住这个念头的诱惑，她选择了辞去工作，虽然父母竭力反对，但她还是义无反顾地走了出去。

她认为，父母就是老脑筋，既然在一个地方感觉很辛苦，那为什么不能换个地方呢？换个新的环境，就不会有那么多烦心事，也不会感觉那么累了。怀揣着简历，她走进了人才市场，在那里转了两个多星期，却还是没有找到心仪的工作。虽然以她的学历找工作并不难，可是想要找合乎自己心仪的，又不是“太累”的工作，就有些不太容易了。

因为找不到合适的工作，她变得无精打采。开始的时候还三天两头跑人才市场，到了后来，她索性不再跑了，天天在家蒙头睡觉。父母看见她这样，更是生气，一个劲儿地唠叨，说她当初不听劝告，结果把好好的一份工作给丢了。

找不到工作，心情烦躁；父母唠叨，更让她烦上加烦。一个人闷在家里，她总是想：为什么自己上了四年大学，却连一份合适的工作都找不到，是自己太笨了吗？人的心就那么大一丁点儿的角落，她一头钻进了牛角尖里，找不到出来的路了。最后，心情烦躁之极的她，实在是再也不想听父母的唠叨，于是选择了割腕自杀。虽然经地抢救，她脱离了生命危险，但是，以后的路要怎么走呢？她又重新陷入了烦躁之中。

在这个故事里，我们不要去评论张华的极端性格，也不去批评她父母无休止的唠叨。我们先来思考一个问题：她的工作真的很烦，很累，使其一定要换一份工作才行吗？当然不是！其实在很多时候，我们之所以会感觉工作枯燥、烦恼、压力过大，完全是因为自己的心灵负荷过重。一句话，我们想得太多，得到太少，所以总会感觉很累。我们想有一个清静的工作环境，同事不给；我们想轻松一些，琐事太多；我们想搞好人际关系，总有人会给我们气受；我们想升职加薪，可是却似乎前途渺茫。在这一系列的情绪以及压力之下，我们的心开始不堪重负，开始觉得很累。请记住：一旦心觉得很累，我们将很难保持精力，拥有饱满的精神。因为心累，我们会无精打采，更会萎靡不振，无法以最佳姿态投入到工作之中。

在旅途中，如果我们背着过重的包袱，将会很累很累。我们要想轻松一些赶路，唯一的办法，就是卸掉那些多余的物品，减轻自己的负担。喝完了水的矿泉水瓶子，我们还背着做什么？扔了！没有电笔记本还有什么用？别心疼，也扔了！其实整理一下，我们会发现，很多东西不是我们扔不了，而我们从来没有想过要扔。我们可能会觉得，那些东西代表了我们曾经走过的路，扔了多可惜啊！可是，我们却没有想到，一直让那些多余的东西堆积，会给我们的人生带来多么沉重的负担。我们的身体也许没有那么坚强，我们的内心也许没有那么强韧。抛掉多余的负担，我们才能保持精力，收获饱满的精神。

学会泛舟心灵之海吧！扔掉多余的东西，抛掉无用的负担，还内心一份平静和从容。这个时候，我们会发现，没有负重的内心原来是如此强大。

第十章
生命不是要超越别人，而是要超越自己

我们常常以为最大的威胁来自敌人，其实，我们最大的敌人恰恰就是自己。心智不够成熟，我们误解了工作；目标不够明确，我们迷失了方向；自信不够强大，我们懦弱地不敢向前；信念不够坚定，我们半途而废；心态不够积极，我们颓废消沉；知识不够充裕，我们施展不开手脚；心胸不够豁达，我们走不出心魔；精力不够旺盛，我们累倒在半途……所有的这一切，都造成了我们无法在事业上取得成就。可以说，是我们自己，挡住了我们前进的步伐。如果无法战胜自己，无法超越自己，我们就只能被困守在牢笼中，无法前进。不要再去埋怨别人，我们需要超越的，就是自己！

1.

只要肯，我们就能驰骋职场

我们有时候会听到这样一种说法："做一件事情很简单，不简单的是，做同样的事情别人就是比你做得好。"为什么会出现这种情况呢？为什么同一件事情，别人就是比我们做得好？为什么一起进入公司的同事，成就就是比我们大？很多人会在这个问题上纠结，并找出了一大堆原因，比如说：自己太笨，或者工作能力不强，或者运气不佳，或者领导刁难等等。总之，原因是五花八门，但是却鲜有人会这样考虑：我愿意做好手中的工作吗？

这个问题听起来有些奇怪，也似乎有些可笑。我们可能会想：这是什么问题？我们既然在工作，当然愿意做好手中的工作。否则的话，起早贪黑，忙忙碌碌是为了什么？这句话并不正确，也许我们和别人一样，同样在忙；也许我们自以为很愿意把手中的工作做好，但事实上是，我们并没有认真而积极地做好手中的工作。仔细想一想，我们就会发现原因何在了。

我们笨吗？有位哲人说过："世界上没有笨人，只有不发奋的人！没有聪明人，只有勤奋人！"所以，我们并不笨。很明显的一点，如果太笨的话，那么我们所在的公司肯不肯接纳我们，就会是另外一种情形了。我们不笨，所以，说自己笨的人，很明显是在找借口。

我们的工作能力不强吗？工作能力这个东西，很抽象，没有确定的概念，什么叫强什么叫不强，不一定而论。但有一点我们却都知道，那就是倘若工作能力真的不够强，可以想办法增强自己的能力。我们总说自己的工作能力弱，想办法增强了吗？如果没有，那么也是借口。

我们运气不佳吗？很多人相信运气，觉得运气实在是生命中最神奇的东西，一个人一旦有了运气，便可以逢凶化吉，步步高升。我们不能反驳这句话，但是却要看到，大多数成功人士之所以可以走向成功，靠的并不是运气，而是拼搏和努力。他们在成功的路上，把运气看作是零，而是从自身开始奋斗，一点一滴做起。由此可见，运气并不能成为别人比我们做得更好的理由。

领导刁难我们算是理由吗？不用说，这更不现实了。领导为什么会刁难我们？还是因为我们没有尽心尽力地工作。倘若我们把每项工作都做得很到位，相信没有什么领导会去刁难一个勤勤恳恳的下属。除非有些领导心理有问题，否则刁难就只是一个借口。

还需要多说吗？很简单的一句话：我们在工作上不如别人，没有取得自己想要的成就，只是因为我们的付出不够。多一些勤奋、多一些努力、多一些坚强，多一些忍耐，把心扑在工作中，我们就成在事业上取得成就。不成功是因为我们“不肯”，不肯付出，只要肯付出，我们就能驰骋职场江湖。

一群青蛙在树林里穿行，其中有两只调皮的小青蛙，因为贪玩，远离了青蛙队伍。结果，一不小心，他们双双掉进了深坑里。其他青蛙听到它们的呼救声，纷纷过来察看，但一见此深坑，纷纷望而悲叹。它们对坠入深坑里的两只小青蛙说：“这坑太深，你们跳不上来，我们也无法搭救，看来你们只有等死了。”说完，守在深坑旁边的青蛙们陆续离去。

深坑里的两只小青蛙听了它们的话，共同沉默了一会儿，接着都开始竭尽全力向上跃，想要跃出深坑。可是，坑那么深，想要跃上去谈何容易？上面的青蛙接二连三地过来看它们，并对它们表示遗憾。总有青蛙说：“你们不要跳了，只有死路一条，还不如省点力气，好好活几天吧！”

最终，一只青蛙听了上面同伴们的话，放弃了跳动。结果，在几天之后，它失败了，死在了深坑里。

另一只青蛙却不为同伴的话所动，它尽自己最大的努力继续向上跳，一次又一次地往上跳。渴了就喝点露水，饿了就想尽办法找点虫子，恢复体力之后接着往上跳。虽然上面还有青蛙在向它大声疾呼："停止你的徒劳吧！只有等死了！"但是，它却跳得更猛烈了。短短的几天时间，它的跳跃能力得到了飞速的提升，在一次猛冲之后，它居然一下子跳出了深坑。它跳出深坑后，有同伴们问它："你难道没有听到我们的劝告吗？"

这只青蛙说："听到了，可是我从小听力不怎么好，却没有听清楚你们在说什么。你们不是在鼓励我吗？"原来，它以为同伴们是在鼓励自己，充分争取一切宝贵时间呢。在同伴们的"鼓励"下，它超越了自我，终于跳出了深坑。

出乎意料，这则故事结尾的真相让人啼笑皆非。但是，从这则故事里，我们却不难发现这样一个事实：战胜自己，我们就会拥有最强大的力量。在很多时候，我们的能力都被自己在无形中限制住了，无法正常发挥。当战胜了自己以后，我们就会发现，原来成功并不像想象中的那么难。是的，只有肯，我们就能驰骋职场江湖。我们要"肯"去做，肯去尽自己最大的努力把工作做好；我们要"肯"去想，积极调动自己的全部思维能力，想出解决问题的办法；我们要"肯"拼搏，把自己最坚强的意志拿出来作为前进的利器；我们还要"肯"告诉自己，一定可以。

真的，只要我们肯去做，就一定可以在事业上有所成就。在很多时候，我们的能力在潜意识里被保留了，并没有发挥出全部的实力。可是，只要能够主动调整自己的内心，认真而又积极地投入到工作中去，我们就可以战无不胜，驰骋职场江湖。这其实也是一种内心的强大，只要"肯"，就能够！

2.

职场如战场，我们的内心要强大

我们有过这样的经历吗？在办公室里，资历不如我们、业绩不如我们的同事纷纷得到升迁，而我们却总是被委以最没有人愿意干的工作，但是却得不到应得的报偿；我们总是谦虚待人，坚守自己的做事原则，却总会被人误以为是老实可欺；我们做事兢兢业业，不敢有丝毫懈怠，但有一天却突然发现，平日里最要好的同事居然出卖了自己，上司劈头盖脸地一通指责，我们只得默默承担。令我们愤怒的事情接二连三地发生，而我们去总是“受伤”的人。我们忍无可忍，终于爆发了，大声质问：“为什么会这样？这到底是怎么回事？”而这个时候，却还有好事者在一边幸灾乐祸。

这到底是怎么了？

其实也没有什么，职场如战场，所以在职场里，自然会有很多人搜刮枯肠、费尽心智地来“对付”我们。当然了，在很多时候，我们自己也会来“对付”自己。正因为如此，所以钩心斗角、磕磕绊绊、小风小雨、大风大浪也就成了职场中再正常不过的事。我们之所以会大呼小叫，觉得自己总在“受伤”，那是因为还没有真正弄明白职场的含义。职场如战场，会硝烟弥漫，有枪林弹雨，会有对手，也会有朋友，而我们，正是在这个战场中寻找胜利的人。我们无法左右别人，却可以改变自己，所以受点委屈，受点伤害也别怕。我们需要锻造自己的内心，使内心强大起来，只有拥有强大的内心，我们才能这片危机丛生的战场上，坚强地生存下去。

大学时，她学的是计算机编程。可是，对于这个专业，她一点兴趣也没有，当初之所以会选择这个专业，完全是父母的意思。现在毕业了，她早早放弃了父母希望自己做个“出色程序员”的梦想，开始亲近文字。从小到大，她都喜欢文字。

她的目标不是很大，只想成为一个网络编辑，足矣。

那年春节，她没有回家，在长沙忙着找工作。为了找到一份网络编辑的工作，她可谓下足了功夫。她在四五家大型招聘网站上注册了用户，发布了几百份简历，并且很有针对性地发了十几封电子邮件。她以为，发了这么多份简历，总会有公司约自己去面试的。但遗憾的是，等了一个星期，她始终没有接到面试电话。所学专业不对口，又没有做网络编辑的经验，哪家公司会要？

迫不得已，她只好修改了简历，分化出三份不同的简历方向：电子商务或网络营销、网站编辑、游戏策划或客服。修改简历之后，她开始陆续收到了面试的电话，于是欣然前往面试。

第一天面试，去的是一家杂志社，职位是原创写手。这份工作，她还算满意，毕竟是和文字有关。她几乎没有什么作品，但是主编看了她的博客之后，当即拍板决定录用她。于是，第二天，她开开心心地来到公司上班。但是接到主编给的选题之后她傻眼了，要写一部关天高二学生在加拿大留学的生活，人物已经设定好了。她想：这可怎么写啊，自己又没有留过学，写起来可能会很枯燥，也不实际。她的信心开始动摇，找到了主编要求换选题。但主编不同意：你是没有留过学，但是公司可以给你提供很多有关留学生活的书籍，你可以慢慢揣摩。主编说得有理，但是硬着头皮写了一个星期之后，她还是主动提出了辞职。没办法，这种写法太枯燥，她觉得自己在那种枯燥中快憋屈疯了。

接着找工作。

第二份工作，几乎没有经过什么面试，就去上班了，因为职位是服务员。这是她降低要求的成效。她想，服务员就服务吧，没什么难的，做起来还不容易？上班第一天，她早上六点多出门，晚上十二点多收工。第二天，也是如此。第三天，还是如此。她开始熬不住了，站在店里工作的时候也会哈欠连天。一个星期之后，她提出了辞职。老板还算不错，给她结了一个星期的工资。这活太辛苦！

第三份工作，也是面试过后很快上岗。做什么呢？原来是在一家大型超市做服务员。月工资一千八百块钱，不包住宿，但上班很轻松。她是在衣服柜台卖衣服，因为那些衣服很贵，所以一天到晚也没有几个客人光顾。这份工作确实很轻松，从早上八点半上班，到下午三点半下班，她只需要优哉游哉地观看熙来攘往的客人，也就够了。甚至累的时候，她可以坐在店里的椅子上休息一会儿。这份工作她做的时间最长，大概有一个月时间吧！她甚至已经忘记了自己想做网络编辑的梦想，觉得就这么工作下去其实也不错。可是，一个月后，她还是离开了。原因是，她听见了一个同事在背后说自己的坏话，一气之下和对方吵了一架，只好一走了之。

她开始继续找工作。她做过商务代表，做过电子商务助理，也做过客服助理，甚至还做过摄影助理。但奇怪的是，无论做什么工作，她都不会工作很长时间。她每次离开，好像都有不得不离开的理由。所以，她一直在面试，找工作，然后做一段时间，离开，再接着找工作。她不知道自己到底是怎么回事：难道自己不适合做网络编辑，连别的工作也不适合吗？为什么所有的工作都是无疾而终？原因到底出在什么地方？

原因到底是在什么地方？我们看出来了吗？原因其实只有一个，那是因为她的内心不够强大。没错，是她的内心不够强大。倘若她能耐得住枯燥，让自己的内心在平静中得到升华，那么就能够坚持住第一份工作；倘若她能受得了辛苦，有意志坚持着前进，那么就能做得了第二份工作；倘若她能够心胸宽阔，不把委屈当回事儿，对于烦心事一笑了之，那么就能做好第三份工作。当然，我们并不是说这些工作多么适合她，失去了将会多么可惜。在这些经历里，她失去的其实不是工作，而是自己。因为内心不够强大，她无法经受得住职场的风风雨雨，稍微有一点不适，她就会很“明智”地抽身而退。但是，她“退”到什么地方了？她只能退缩到自己的世界里，做一个懦弱的职场失败者。

职场如战场，在这片战场上，逃跑无法生存，后退也无法生存，如果内心懦弱，心存胆怯，既害怕枪林又害怕弹雨，不敢向前多冲一步，那么只能倒下。对，是倒下，被生活击倒，被自己击倒。

我们要做一个职场上的胜利者，首先要强大自己的内心，学会战胜自己。

3.

强大的内心会使我们无往不利

什么叫做内心强大？我们知道，内心强大指的就是心理强大，这有别于世俗意义上的强大。有些人看起来似乎很“强大”，因为他们占有很多“强大”的东西：金钱、地位、权力、文凭、容貌……这些东西让他们在很多人中间“卓尔不群”，似乎“强大无比”，但很遗憾，这些不叫强大，更与心理强大扯不上关系。充其量，这些东西只是社会中的“稀缺资源”，虽然人人都想得到，但能得到的人却只是少数，即便是得到了，却也未必能够坚强地走在自己的人生路上。因为，他们的内心未必强大。

一个内心强大的人，才是真正有思想的人。内心强大，表明他对这个世界，对社会，对人生，对工作，已经有了一整套比较完整的看法，也有了一套自我生存的技巧。在佛教里，那就是“无漏”之说，对一切的一切，了然于胸。风吹不动，霜侵不惧，岿然屹立在纷乱的江湖之中。内心强大的人，不会色厉内荏，外强中干，他们也许外表并无特色，不属于“稀缺资源”，甚至看起来也许会有些懦弱，但是他们却有着强大的信念，有着合宜的处世方式。他们的信念并不是来自口头上的，而是发自内心深处。他们还有着丰富的知识、娴熟的技能、丰富的人生阅历，以及广阔的视野，这使得他们异常的自信。他们相信自己的能力，也能深刻意识到自己的浅薄，所以他们才能够扬长避短，不断地完善着自己。他们不恐惧竞争，不害怕对手，他们有一种特别的开放意识与开放心态，对于任何不同的声音，都能够认真地听进去，然后再用自己敏锐的头脑进行思考，对于自己自信的东西仍然会保持着一份警惕。他们也会焦虑，也会烦躁，也会被许许多多的负面情绪所困扰，但是，他们却不会被这些负面情绪所牵绊，因为他们总能想方设法走出那些负面情绪。一个内心强大的人，总是在不停地改变，在不停地完善，使得自己的内心更加坚韧，更加强大。

那么，我们是一个内心强大的人吗？在竞争激烈的职场江湖里，内心强大是奋斗的基础。倘若没有强大的内心，那么我们所做的努力，辛辛苦苦练出来的"武功"，将只能是花拳绣腿，毫无用处。心灵主宰命运，内心的强大与否，关乎我们怎样选择，怎样走路，怎样以最强的姿态奔向成功。所以，在职场里，我们要做一个内心强大的人。如果可以做到内心强大，那么，即便是身处职场的逆境之中，我们的内心也是平和、自信、快乐的。因为，这个时候，我们的世界已经不再只是世俗世界，还有我们独有的完美的内心世界。在这个世界里，我们只有一个竞争对手，那就是自己。当我们终于战胜了自己的时候，我们会享受到别人无法享受的快乐，然后走向最终的成功。

1832年，林肯失业了。这次失业显然对他打击不小，他很伤心。但很快，他就从失业的阴影里走了出来，因为他已经下定决心要当政治家，当州议员。可是，他凭什么当政治家呢？他既没有经济实力，也没有什么名气，如果一定要说有点什么的话，那可能就只有自信了。自然，在竞选中他失败了。一年中接连遭受两次失败的打击，对谁来说都不好过。他很痛苦。可是他明白，痛苦有什么用呢？根本无法解决实际问题，只有自己努力，才能扭转劣势。

为了能够使自己在以后的竞争中处于有利地位，他开始着手自己开办企业。只是，幸运之神还是不肯眷顾于他，不到一年的时候，这家企业又倒闭了。他不仅没有达到自己的目的，反而不得不为企业倒闭时所欠的债务四处奔波，历尽磨难。

失败的打击并没有将他压垮，他意志的强韧出乎了所有人的意料。他很快又从企业倒闭的阴影里走了出来，再一次参加竞选州议员。这次，他成功了！他欣喜若狂，觉得生活有了转机，认为自己平步青云的机会来了。

1835年，他订婚了。他的未婚妻是个很好的姑娘，在仕途上能够帮他出谋划策，在感情上更是他的精神支柱。可是，就在他们快要结婚的时候，未婚妻却不幸染病去世。这次的打击，对于他来说，无疑是致命的。他心力交瘁，一病不起，在病床上躺了好几个月，并因此得了神经衰弱症。

很多人都在想：他的仕途梦应该从此完了，一个脑神经衰弱的人，还怎么从政？但事实却并非如此。

1838年，他觉得自己的身体状况好了，于是决定竞选州议会议长，但失败了。

1843年，他又参加竞选美国国会议员，但是仍然没有成功。

1846年，他又一次参加竞选国会议员，最后终于当选了。这久违的胜利对于他来说，实在是太重要了。所以在任期间，他兢兢业业地工作，勤勤恳恳地做事。他认为自己作为国会议员，表现是最出色的，并且相信在下次选举中选民们还会继续选举自己。但是很遗憾，在再次的选举中，他没有获得连任，最终落选。他又一次失败。

这次竞选失败，让他赔了一大笔钱，所以当他申请当本州的土地官员时，州政府把他的申请退了回来，并作出解释是："做本州的土地官员，要求有卓越的才能和超常的智力，你的申请未能满足这些要求。"

这是一个笑话，还是一个打击？也许都是，虽然他从来都不相信自己没有才能，智力不够，但是接连两次的失败却实实在在地摆在眼前，让他不得不去接受。接受失败，但却并不悲观，因为他知道下次还会有机会。

1854年，他竞选参议员，失败了。两年后，他竞选美国副总统提名，结果还是失败。又过了两年，他再次竞选参议员，结果仍然是失败。

二十多年来，他尝试了十几次，但是却只有两次成功。是什么支持着他一路走下去，一直没有放弃自己的追求？是强大的内心。他强大的内心早已百炼成钢，强大得无以复加。他想要做自己生活的主宰，想要掌握自己的命运，想要活得更为精彩。他做到了，是强大的内心，一路助他走过坎坷，奋勇直前。

1860年，他成功当选为美国总统。

拥有强大的内心，就等于拥有了一颗定海神针，无论外界如何风急雨骤，如何巨浪滔天，我们都能保持内心平静，蓄势待发。就像林肯，纵然经历了种种挫折，但是那又有什么关系？强大的内心使他可以从容地应对一切挫折和危机，走出失败的阴影，走向成功。哪怕一生要经历许许多多失败的打击，哪怕一生只能成功两次，但有了强大的内心，决不会倒下，能够迎接到最后的胜利，就是一生的成功。

强大的内心能够使我们在职场里无往而不利。因为我们内心强大，所以我们就是职场中的精神贵族。我们不会常常失眠，不会焦虑，更不会急躁，我们总是能够冷静而清晰地解决任何工作中遇到的难题。就算遇到困难了也不要紧，因为我们的内心强大，有着足以战胜任何困难的决心和勇气，当然也有方法。挫折和失败在我们眼里，也不再是什么大不了的事，强大的内心可以支撑我们从头再来。甚至，我们早已做好了最坏的打算，预备好了暴风骤雨里的“救生圈”。怕什么，强大的内心可顶天立地，走过任何困境。

强大的内心会使我们不再焦急地等待，而是坚定地行动。在工作中，我们可以做到不以物喜，不以己悲，宠辱不惊，淡然处之，我们相信人生中的任何经验，包括那些不幸与痛苦，都将成为我们独特的人生体验，化为我们的智慧，成为我们内心更为强大的材料。

拥有强大的内心，在职场江湖里，我们绝对会无往不胜。

4. 超越自己，为强大的内心寻找一方净土

一位哲人说："上帝用模型造人，塑造了你之后，就把那个模型捣碎了，因此，你是唯一的。"没错，在生活中，我们每个人都是唯一、与众不同的，我们都有着自己独有的生活方式和生存能力，缓急各异地行走在人生的旅途之中。没有谁是先天的"残疾"，所有人都有一双手，两只脚，一个聪明的大脑，以及一个深不可测的内心世界。上帝创造我们的时候偷了懒，以至于我们的手、脚、大脑与别人的区别并不明显，区别最显著的地方，是我们的内心世界。

有的人内心强大，所以成了伟人；有的人内心脆弱，所以成了庸人。伟人和庸人刚开始的时候，是在同一条起跑线上，没有谁强谁弱。不同的是，前者懂得超越自己，让自己的内心世界越来越强大；而后者，却一直无法超越自己，让自己偌大的内心世界荒芜了，生满了杂草。不是吗？我们难以把握机会，是因为无法超越自己，总被犹疑、拖延的毛病所掌控；我们容易满足现状，止步不前，是因为无法超越自己，没有给自己设定更高的理想；我们不敢面对未来，是因为无法超越自己，缺乏前进的信心；我们不能突破，是因为无法超越自己，能力被自己束缚……如果可以超越自己，不让自己内心世界长满了杂草，我们还有什么不能够？

只要能够战胜自己，超越自己，清除内心世界里的杂草，使自己的内心世界强大起来，我们就能在竞争激烈的职场江湖里战无不胜，所向披靡。

苏联卫国战争时期，一位年轻的苏联空军将领驾驶着战斗机执行任务。很不幸，他的战斗机被敌机击中，坠落在荒山野岭里。不幸中的大幸是，他并没有丧生，但是双腿却受了重伤。双腿受了重伤，怎么行走？在这荒无人烟的地方，又怎么求救？他在战斗中侥幸未死，到底是幸还是不幸？他用自己的行动告诉了人们答案。整整十八天，他在地上整整爬了十八天，终于爬回了军营，保住了性命。在那十八天的历程中，他所受的苦难可想而知，但他坚持住了，没有放弃，也没有崩溃，有的只是一往无前的勇气。

经过治疗，他的性命保住了，但是却双腿残废。他的人生似乎走到了低谷，因为一个没有双腿的人，是不可能再进入驾驶室的。可是，他却一点也不气馁，一点也不灰心丧气。他喜欢飞翔，喜欢享受在天空中战斗的感觉，所以他从来也不曾放弃继续飞翔的梦想。为了能够继续飞翔，他开始每天坚持锻炼，风雨无阻。奇迹发生了，他终于再次坐在了飞机驾驶室里，驰骋于蓝天之上。

他凭什么可以在荒山野岭间生存下来？又凭什么可以继续驰骋于蓝天之上？他什么也不凭，如果非得给他一个定位的话，那么他只能算是一个被上帝忽视的人。他很不幸地失去了双腿，成为了一个似乎什么也干不了的残疾人。可是，他真的残疾了吗？没有！他有着强大的内心，他敢于超越自我，也能够超越自己。强大的内心支撑着他爬过了十八天，从死爬向了生；强大的内心还支撑着他，没有双腿也可翱翔于蓝天。在所有困难面前，只要能够超越自我，只要拥有强大的内心，我们就可以无所畏惧。

其实每个人都有超越自己的经验，在幼儿期，没有人逼我们学走路，可是我们却总在试着自己站立，不断跌倒、不断爬起、不断试步，终于能够从爬的阶段，进入到走的时期。可是我们却还不满足，又从不断地从走学会了跑。可以说，我们超越自我的能力与生俱来。可是，为什么在我们走上职场之后，那些超越自我的能力却慢慢消失了呢？原因很简单，是我们“不想”超越自我，荒芜了自己的内心世界，使之长满了杂草。我们总是习惯于满足现状，哪怕被现实撞得头破血流，也会畏首畏尾地告诉自己："我只是一个凡人，只能过普通人的生活。"

我们的确是凡人，可是凡人也应该取得成就。在职场里，如果不能进步，那么我们就只会被淘汰，向前走或者被淘汰是我们必须面对的两种选择，没有第三条路可走。因为，没有任何一家公司可以允许一个毫无建树的员工一直待下去。所以，再平凡的人，也需要想方设法在职场里闯出一番成就。而想要闯出一番成就，就必须学会超越自己，为自己强大的内心寻找一方净土。

在人生的旅途中，我们不可避免地要经历痛苦、希望、迷惘、彷徨，如果不能超越自我，使自己拥有一颗强大的内心，我们就会迷失方向；如果不能战胜自我，我们就难以写出最辉煌的篇章。

我们曾经在黑夜里，被自己的影子吓着吗？那是没有强大的内心。

我们曾经被对手的"拳头"吓着吗？那也是因为没有强大的内心。

我们曾经被困难和挫折吓着吗？那还是因为没有强大的内心。

我们需要超越自己，用一颗强大的内心，支撑自己的人生道路。职场江湖里那一点儿困难算得了什么？那一点挫折又算得了什么？我们既然能够战胜自己，就能够战胜一切。因为，我们最强的对手，不是别人，而是我们自己！在超越别人之前，我们需要先超越自己！

学会超越自己，为强大的内心寻找一方净土。当内心强大起来的时候，我们就会发现，职场江湖里的激烈竞争，不过如此。